天気と気象がわかる！
83の疑問

気象の原理や天気図の見方から雲や雨、
台風の仕組み、日本の気候の特徴など

谷合 稔

SoftBank Creative

著者プロフィール

谷合 稔（たにあい みのる）
1953年東京都生まれ。慶應義塾大学法学部政治学科を卒業後、グラフィックデザインの世界に入り、エディトリアルデザイナーとして長年雑誌の誌面づくりや本づくりに携わってきた。その一方で、科学系の雑誌や書籍を読みふけることをこよなく愛し続けてきた。最近ではその科学好きが高じて科学をわかりやすく解説する本の執筆にも強い関心をもっている。これまでに、『宇宙のすべてがわかる本』（渡部潤一監修、共著、ナツメ社）と『「地球科学」入門』（ソフトバンク クリエイティブ）がある。

本文デザイン・アートディレクション：DADGAD design
イラスト：おくだくにとし
カバー写真：NASA

はじめに

　いつごろからでしょうか、これまで経験したことのないような多量の雨が降ったり、大雪が積もったり、気温が異常に高くなったり低くなったり、といったことがひんぱんに発生するようになりました。それによって河川が氾濫し、土砂崩れによって住宅が押し流され、多くの人が被災するというようなニュースを、新聞やテレビでひんぱんに見かけるようになっているように思います。

　そのような気象の傾向について、いつのまにか異常気象という言葉がよく使われるようになりました。これは、私たちの身近でだけ起こっているのではなく、地球のあちこちで観測されていることです。

　その原因として常に指摘されるのが地球の温暖化です。石油や石炭といった化石燃料を私たちが燃焼させるため、地球は過度に暖められており、それによってもたらされている大気温度の上昇が大気の運動を活発にし、気象現象をこれまでなかったほどに激しいものにしている、という指摘です。

　この指摘だけが異常気象の原因なのかどうかは不明ですが、このような近年の気象の傾向をきっかけとして、多く

の人が気象に関心をもつようになっているようです。そこで、多くの人の気象に対する理解の手助けになるように、本書では83の疑問を設定し、その疑問に応えるかたちで解説しています。

　気象は、地球の表層をおおう大気の運動として起こるものです。大気の厚さは10000m程度のもので、地球をリンゴにたとえれば、その皮ほどの厚さもありません。しかし、そこで起こっている大気の運動は非常に複雑なもので、同じことは二度とふたたび起こりません。「気象は複雑系」と呼ばれるほど複雑で難しいものなのです。ですから、本書の解説では説明しきれないこともたくさんありますが、気象の原理がわかれば、おおよその結果がわかり、将来の予測ができます。

　そこで、本書では初めに「気象の基礎知識」編として気象の原理をわかりやすく解説しました。これによって空を見、雲を見るときの気持ちがこれまでとは違った観察眼を備えたものになってくれたりしたら、これほどうれしいことはありません。

　次に「天気予報と天気図」編を設け、天気予報がどのようにしてできあがるのかを解説しました。かつては気象庁だけが行っていた天気予報ですが、いまでは、天気予報や気象に関する情報提供を業務とする民間会社がたくさんあります。そのような会社が、インターネットの時代にふさわしく、パソコンや携帯電話などでさまざまなアイデアに富んだ情報提供を行っていますので、自分に合った情報を活用

していきたいものです。

　次に「日本の気候」編として、春から夏、秋から冬へと1年を通じた日本の気候の特徴を順を追って解説しています。もちろん、昔から繰り返されてきたことばかりでなく、ヒートアイランド化や熱帯夜など、都市住民を苦しめている現象についてもわかりやすく解説しました。日本にふさわしい再生可能エネルギーの活用方法も参考になればうれしく思います。

　次いで「気象現象」編として、日本にかぎらず地球のどこかで発生しているさまざまな興味深いもの取り上げ、解説しました。

　最後には「気象の仕事」編として、気象の仕事に関心をもっている方のために、簡単な解説を行っています。たとえば気象予報士の資格は、それが即気象予報の職に就くことを意味しませんが、そうであるからこそ、気象に関心をもつ多くの人がその知識を試そうと受験しています。これからもぜひ多くの人が気象予報士の試験にチャレンジしてほしいものです。

　気象は私たちの日常に大きく関わり、影響を与えていますが、その仕組みは驚くほど複雑です。しかし、その複雑な仕組みの一端がわかると、空を見るのが楽しくなります。雨に濡れることさえいとわなくなるかもしれません。空を見上げたときに、この本のことを思いだしてくれる人が1人でもいたら、こんなにうれしいことはありません。

　　　　　　　　　　　　　　　　　　　　谷合　稔

CONTENTS

天気と気象がわかる！ 83の疑問

気象の原理や天気図の見方から雲や雨、台風の仕組み、日本の気候の特徴など

第1章 気象の基礎知識 編 …………… 9
1. 気象とはどこでなにが起こす現象ですか？ ………… 10
2. 大気が循環しているってどういうことですか？ …… 12
3. 水が循環しているってどういうことですか？ ……… 14
4. 太陽放射と地球放射とはなんですか？ ……………… 16
5. 緯度が高くなるほど寒くなるのはなぜですか？ …… 18
6. 午後2時がいちばん暖かいのはなぜですか？ ……… 20
7. 北半球と南半球の気候に違いはありますか？ ……… 22
8. 雲はどうしてできるんですか？ ……………………… 24
9. 雲にはどんな種類があるんですか？ ………………… 28
10. 雨はどうして降るんですか？ ………………………… 32
11. 暖かい雨ってなんですか？ …………………………… 34
12. 冷たい雨ってなんですか？ …………………………… 36
13. 雪はどうしてできるんですか？ ……………………… 40
14. 風はなぜ吹くのですか？ ……………………………… 42
15. 高気圧と低気圧の違いはなんですか？ ……………… 44
16. コリオリ力ってなんですか？ ………………………… 46
17. 地上の風と上空の風に違いはありますか？ ………… 48
18. 偏西風やジェット気流ってなんですか？ …………… 50
19. 前線ってなんですか？ ………………………………… 52

第2章 天気予報と天気図 編 …………… 57
20. 天気予報は誰がつくっているんですか？ …………… 58
21. 天気予報にはどんな種類があるんですか？ ………… 60
22. アメダスってなんですか？ …………………………… 62
23. 高層の気象はどうやって調べるんですか？ ………… 64
24. レーダーなども使っていますか？ …………………… 66
25. 宇宙から天気を見てると聞きましたが？ …………… 68
26. 国際観測網ってなんですか？ ………………………… 70
27. 数値予報ってなんですか？ …………………………… 72
28. 降水確率ってなんですか？ …………………………… 74
29. 天気図ってなんですか？ ……………………………… 76
30. 天気記号ってなんですか？ …………………………… 80
31. 注意報と警報の違いはなんですか？ ………………… 82

サイエンス・アイ新書

第3章 日本の気候 編 …… 85

- **32** 移動性高気圧ってなんですか？ …… 86
- **33** 春一番ってなんですか？ …… 88
- **34** 桜前線ってなんですか？ …… 90
- **35** フェーン現象ってなんですか？ …… 92
- **36** 花粉症が春に流行るのはなぜですか？ …… 94
- **37** 黄砂はどこから飛んでくるんですか？ …… 96
- **38** 五月晴れってなんですか？ …… 98
- **39** 梅雨はどうして起こるんですか？ …… 100
- **40** 「やませ」ってなんですか？ …… 102
- **41** 夏はなぜ暑いんですか？ …… 104
- **42** 太平洋高気圧ってなんですか？ …… 106
- **43** 夕立と雷はどうして起きるんですか？ …… 108
- **44** ゲリラ豪雨はなぜ起きるんですか？ …… 110
- **45** 光化学スモッグはなぜ起きるんですか？ …… 112
- **46** 熱帯夜はなぜ起きるんですか？ …… 114
- **47** ヒートアイランド現象ってなんですか？ …… 116
- **48** 台風とはどのようなものなんですか？ …… 118
- **49** 秋雨前線ってなんですか？ …… 124
- **50** 紅葉前線ってなんですか？ …… 126
- **51** 木枯らし1号ってなんですか？ …… 128
- **52** 冬の季節風ってなんですか？ …… 131
- **53** 西高東低の気圧配置ってなんですか？ …… 132
- **54** 小春日和ってなんですか？ …… 134
- **55** 冬の日本海側に雪が多いのはなぜですか？ …… 136
- **56** 冬の太平洋側が晴れるのはなぜですか？ …… 138
- **57** 樹氷はどうしてできるんですか？ …… 140
- **58** 流氷はどこからくるんですか？ …… 142
- **59** 日本で雨の多い地域はどこですか？ …… 144
- **60** 日本で雪の多い地域はどこですか？ …… 146
- **61** 日本で晴れる日の多い地域はどこですか？ …… 148
- **62** 天気は農業にどんな影響を与えますか？ …… 150
- **63** 日本の気候と再生可能エネルギーの関係は？ …… 152

CONTENTS

第4章 気象現象 編 ……………………… 155
- 64 虹はどうやってできるんですか? ……………… 156
- 65 ブロッケン現象ってなんですか? ……………… 158
- 66 竜巻はどうして起きるんですか? ……………… 160
- 67 スーパーセルってなんですか? ………………… 162
- 68 白夜ってどうやって起きるんですか? ………… 164
- 69 オーロラはどうやってできるんですか? ……… 166
- 70 台風・サイクロン・ハリケーンの
   違いはなんですか? ……………………………… 168
- 71 エルニーニョ現象ってなんですか? …………… 170
- 72 ラニーニャ現象ってなんですか? ……………… 172
- 73 貿易風ってなんですか? ………………………… 174
- 74 蜃気楼はどういうふうにしてできるんですか? … 176
- 75 異常気象ってなんですか? ……………………… 178
- 76 酸性雨ってなんですか? ………………………… 180
- 77 人工降雨とはなんですか? ……………………… 182
- 78 飛行機雲って本当の雲ですか? ………………… 184
- 79 オーストラリアで見られる不思議な雲って
   なんですか? ……………………………………… 186
- 80 地球の温暖化が気象に与える影響とは? ……… 188

第5章 気象の仕事 編 …………………… 191
- 81 気象庁はどんな仕事をしているんですか? …… 192
- 82 気象に関わる仕事をするには
   どうしたらいいですか? ………………………… 196
- 83 気象予報士になるには
   どうしたらいいんですか? ……………………… 200

参考文献 ……………………………………………… 203
索引 …………………………………………………… 204

気象の基礎知識 編

気象を理解するためには
ある程度の基礎知識を
身につけておく必要があります。
そのために、できるだけ簡単に、
しかもわかりやすく、
気象の基礎知識について解説します。

1

気象とはどこでなにが起こす現象ですか？

高度約10000mまでの対流圏で大気の活動が発生させるものが気象現象です

　地球は大気に取り巻かれています。それは層構造をなしており、地表から順に**対流圏**・**成層圏**・**中間圏**・**熱圏**と続き、広大な宇宙空間へつながっていきます。

　対流圏はその厚さが11km程度のもので、その上の成層圏は高度50kmまで続いています。成層圏の大きな特徴はオゾン層があることです。オゾンは太陽からの紫外線を吸収するため、成層圏では上空へ行くほど大気温度が上昇しますが、このために対流圏を上昇してきた大気は、成層圏内を上昇できず、横に流れていきます。対流圏と成層圏の境界面を**対流圏界面**と呼びます。

　成層圏を越えるとその上には中間圏が高度80km程度まで、その上の熱圏は高度800km程度まででほんのわずかに大気成分がありますが、国際宇宙ステーションなどの人工衛星が飛んでいる高度で完全に宇宙と呼べるところです。

　大気の濃度は、地上からの高度が高くなるに従って薄くなっていきますが、大気の約80％は厚さ11kmの対流圏にあります。このほとんどの大気が存在する対流圏で大気が引き起こす現象が気象現象です。地球をリンゴに見立てると、対流圏の厚さはリンゴの皮の厚さよりも薄いものです。

　対流圏にある大気は、地球の自転による遠心力や緯度による大気の温度差のために、赤道付近の**低緯度地方**と極周辺の**高緯度地方**ではその厚さが異なり、低緯度地方では16kmほどなのに対し

て高緯度地方では8km程度になっています。日本の上空ではおよそ11kmの厚さがあります。

気象は、大気が地表と起こす摩擦によって大きく変化しますが、影響がおよぶ高度はおよそ1000mまでです。そのため、対流圏を地表の摩擦の影響を受ける1000mまでとその上とに分けることができ、1000mまでを**大気境界層**、その上を**自由大気**と呼びます。

地球を取り巻く大気圏

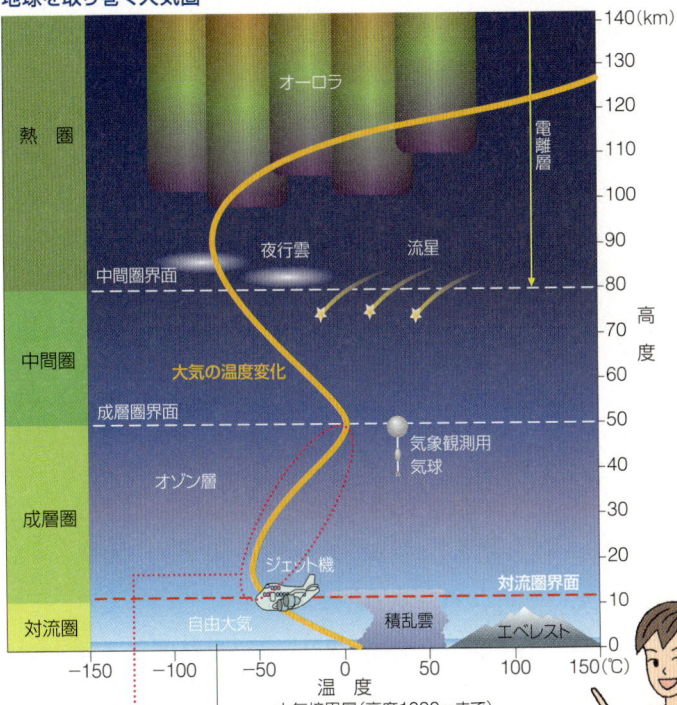

大気温度が成層圏で上昇に転じるのは、成層圏に多く含まれるオゾンが太陽からの紫外線を吸収するためなんです。上空ほど紫外線の濃度が上がるので大気温度も高くなります。そのため大気は成層圏の上層へ上昇していくことができず、対流を起こさない結果、気象現象はほとんどなくなるんです。上昇できなくなった大気は対流圏界面に沿って横に広がっていくんですよ

大気が循環しているってどういうことですか？

大気が循環することによって、赤道周辺の熱を南極や北極地方へ伝えていきます

　太陽は、地球に膨大なエネルギーをもたらしています。それを**太陽放射**（たいようほうしゃ）と呼びますが、アフリカのサハラ砂漠や中国大陸奥地のゴビ砂漠の半分程度に太陽電池パネルを敷きつめると、人類が現在使用しているエネルギーをすべて賄うことができるほどです。

　その太陽放射でもっとも強く暖められるのが、赤道周辺の低緯度地方です。低緯度地方では太陽が1年を通して頭上にあるため、太陽放射に熱せられた地表は大気を暖めます。暖められた大気は軽くなるため、上空へ昇っていき対流圏界面まで達しますが、そ

大気の循環

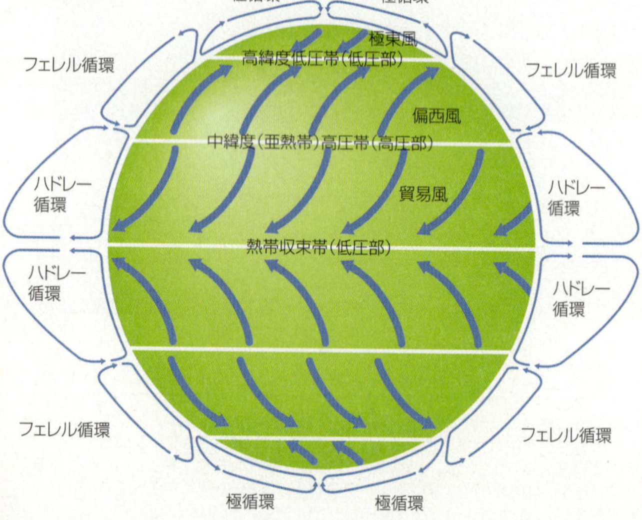

- 極循環
- 極高圧帯
- 極東風
- 高緯度低圧帯（低圧部）
- フェレル循環
- 偏西風
- 中緯度（亜熱帯）高圧帯（高圧部）
- ハドレー循環
- 貿易風
- 熱帯収束帯（低圧部）

こから上には昇り続けることができずに横へ流れ、北上あるいは南下します。

しかし、日本などがある緯度30度程度の中緯度地方まで流されると強い偏西風に出合うため、さらに高緯度の地方へ向かうことができずに下降気流となり、地表へ向かっていきます。この低緯度と中緯度の間を循環する大気の運動を**ハドレー循環**と呼びます。ハドレー循環が赤道付近でつくるのが**熱帯収束帯**と呼ばれる低圧部で、中緯度でつくるのが**亜熱帯高圧帯**と呼ばれる高圧部です。

偏西風に行く手をはばまれた低緯度からの気流は、その熱を偏西風に伝えます。中緯度地方を西から東に流れる偏西風は、低緯度からの気流に暖められることによって、中緯度地方をまんべんなく暖めていきますが、緯度60度付近にある**高緯度低圧帯**で極地方にできる非常に冷たい大気に出合うと、その行く手をはばまれて上昇し、ふたたび緯度30度の亜熱帯高圧帯へ帰っていきます。この循環を**フェレル循環**と呼びます。

緯度60度を越えると**極高圧帯**と呼ばれる、両極のきわめて寒冷な大気がつくりだす地方へ入ります。極地方で冷やされ重くなった大気は緯度の低い地方へと流れだしますが、高緯度低圧帯で中緯度を流れる偏西風と出合うと上昇し、極地方へ戻っていきます。これを**極循環**と呼びます。

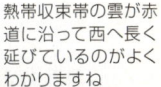

熱帯収束帯の雲が赤道に沿って西へ長く延びているのがよくわかりますね

（写真：NASA）

水が循環しているってどういうことですか?

大気を循環させる原動力は水が蒸発して気体となった水蒸気なのです

　気象は大気の動きがつくりだす現象ですが、もう少し詳細に見ると、気象現象を発生させているのは大気中にある水（水蒸気）の運動によるものであることがわかります。

　水は、私たちの周囲では、河川や湖、地下水、高山で氷河として、あるいは植物や動物の中にありますが、もっとも大量にあるのは海です。そのため水の循環には、海が決定的に重要な役割を果たします。ちなみに、水が水蒸気に変わることを<u>蒸発</u>（じょうはつ）といいますが、植物が水蒸気を発散することは<u>蒸散</u>（じょうさん）と呼びます。水蒸気量の90％は蒸発によるもので、植物による蒸散は10％を占めています。

　海水、特に低緯度地方の海水は浴槽に張られたお湯のようなも

水の循環

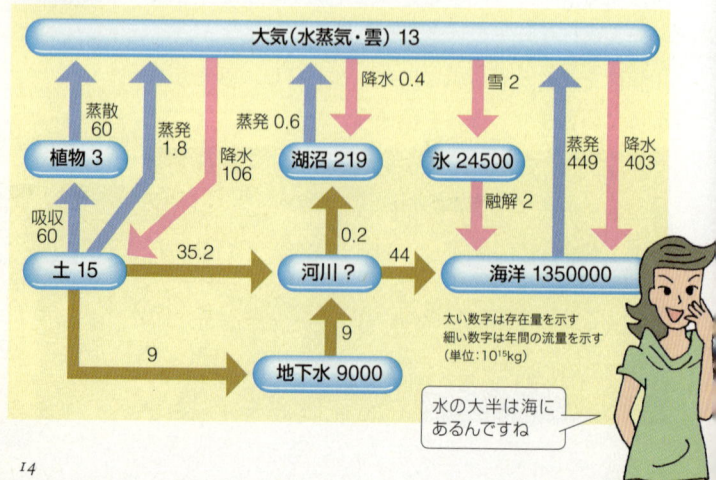

太い数字は存在量を示す
細い数字は年間の流量を示す
（単位：10^{15}kg）

水の大半は海にあるんですね

ので、高い気温のもとで盛んに蒸発し大気の循環をうながします。蒸発は河川や湖でも起こっていますが、全蒸発量の約86％は海洋で起こっています。蒸発によって水蒸気という気体となった水は大気中を上昇していきますが、上空で冷やされることによって水蒸気が凝縮されてふたたび液体となり、雲を形成します。凝縮する水蒸気が多ければ雲は大きく成長していき、その中で水蒸気同士が激しくぶつかり合い、雨や雪となって地上に戻ってきます。

気象に大きな影響を与える海洋ですが、海洋も大気から大きな影響を受けています。それが**風成循環**と呼ばれるもので、表層から水深数百mを流れる海流は、海面付近で吹く風によってその流れる方向が決まります。

北半球の太平洋では赤道付近で暖められた海水が時計回りに周回し、日本近海まで上がってきます（黒潮）が、そこで北からの冷たい海水（親潮）とぶつかって東進し、北米大陸沿岸でやはり北から流れるカリフォルニア海流とぶつかることにより南に流され、赤道近海へと戻っていきます。

風成循環

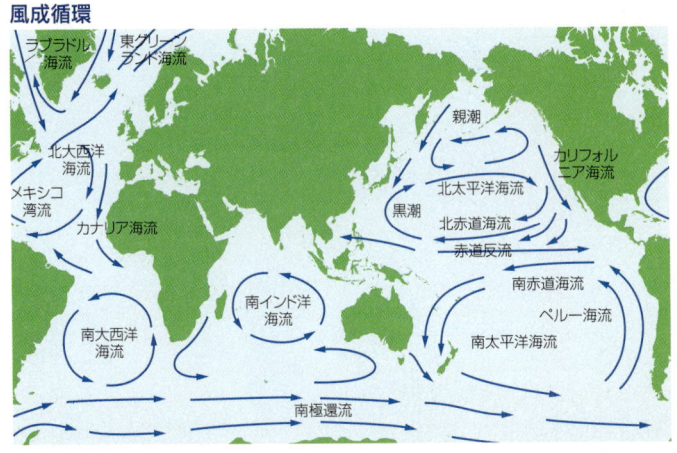

太陽放射と地球放射とはなんですか？

太陽からやってくる熱を太陽放射と呼び、暖められた地球が発する熱を地球放射といいます

　私たちの暮らしは太陽からのエネルギーに支えられています。太陽からのエネルギーが地表を暖めることがすべてのスタートですが、ふだん私たちが意識している太陽からのエネルギーとは、いわゆる太陽光で可視光（かしこう）と呼ばれるものです。その波長は約0.4〜0.7μm（マイクロメートル=0.001mm）です。しかし、太陽からは、私たちには見ることのできない波長をもつ赤外線や紫外線もやってきます。これらをすべて含めた光の波（電磁波）を**太陽放射**といいます。

　地球に届いた太陽放射を100とすると、地表に届くまでに雲に反射したり、大気中の水蒸気に吸収されたりするため、実際に地

太陽放射と地球放射

大気圏外	太陽放射100	反射31	12		57	
大気圏		大気による散乱 雲による反射	雲・大気による吸収 20		大気による放射	
地表	吸収49	地表による反射	放射114		95	水の潜熱 23	熱伝導 7

表に届くのは半分ほどです。

一方、太陽放射によって暖められた地球も放射しています。

すべての物体は熱をもち、赤外線を放射していますが、地球も例外ではなく、赤外線を放射しているのです。それを**地球放射**と呼びますが、地球が発する赤外線はそのまま宇宙空間に逃れたり、あるいは雲に跳ね返されてふたたび地表に戻ってくるなどします。もし、地球放射が雲などにさえぎられずにすべて宇宙へ飛び去ってしまった場合、地表の気温は－18℃になりますが、実際には雲の中にある水蒸気や大気中の二酸化炭素などが地球放射を逃がさない温室効果によって、全地球の平均気温は約15℃に保たれています。このように地球が常に一定の気温を保っているのは、地球放射が太陽放射と同量のエネルギーを宇宙空間へだしていることの証明でもあります。

私たちがふだん目にする天気予報に登場する宇宙からの写真は、気象観測衛星が高度3万6000kmの上空から地球の放射する赤外線を撮影したものです。

気象衛星がとらえる赤外線画像こそ地球放射を撮影したものなんですよ

(写真:気象庁)

緯度が高くなるほど寒くなるのはなぜですか？

太陽光が照らしだす面積が極地方では広いため、太陽エネルギーが拡散してしまうのです

　私たちが住んでいる北半球の場合、日本付近よりも赤道付近のほうが暑く、シベリアや北極圏では寒くなりますが、これには太陽が地球を照らす角度が大きく関係しています。

　ある一定の束の太陽光を考えてみましょう。赤道付近では常に太陽が頭上にあるため、太陽光はほぼ直角で入射します。一方、北極圏などの高緯度地方では、太陽は地平線からあまり高く昇らないため、太陽光の入射角度が小さくなってしまいます。地球は球体なので、赤道付近に入射した太陽光が照らす地表の面積に比べると、高緯度地方へ入射した太陽光が照らす面積のほうが広いことがわかります。

緯度による太陽放射の射し込み方の違い

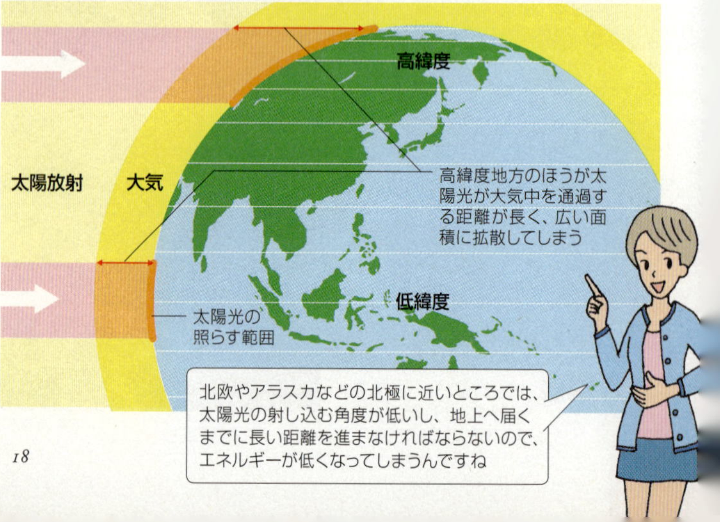

太陽放射　大気　高緯度

高緯度地方のほうが太陽光が大気中を通過する距離が長く、広い面積に拡散してしまう

太陽光の照らす範囲　低緯度

北欧やアラスカなどの北極に近いところでは、太陽光の射し込む角度が低いし、地上へ届くまでに長い距離を進まなければならないので、エネルギーが低くなってしまうんですね

一定の束の太陽光がもつエネルギーは共通なので、広く照らされる高緯度地方は、照らされる範囲が狭い赤道付近よりもエネルギーが広く拡散してしまい、単位面積あたりの太陽エネルギーが少なくなってしまいます。そのために、北半球では北上して緯度が高くなるに従って寒くなり、気温が下降していくのです。

　また、赤道付近へ入射する太陽光が大気中を通過する距離と、極地方へ入射する太陽光が大気中を進む距離を比べると、極地方へ入射する太陽光のほうが長いことがわかります。それは極地方へ入射した太陽光のほうが、赤道付近へ入射した太陽光よりもそのエネルギーを大気に吸収されて、弱くなることを示しています。

　地球は自転しながら太陽の周りを公転していますが、地球の自転軸は約23度傾いています。そのため、北半球では、冬は太陽から遠ざかり入射角が小さくなるために寒くなり、夏には太陽に近づいて入射角が大きくなるため、太陽が照らす面積が狭くなるので暑くなります。南半球では、北半球とは逆に冬が暑く、夏が寒くなります。

緯度による太陽放射量と地球放射量の違い

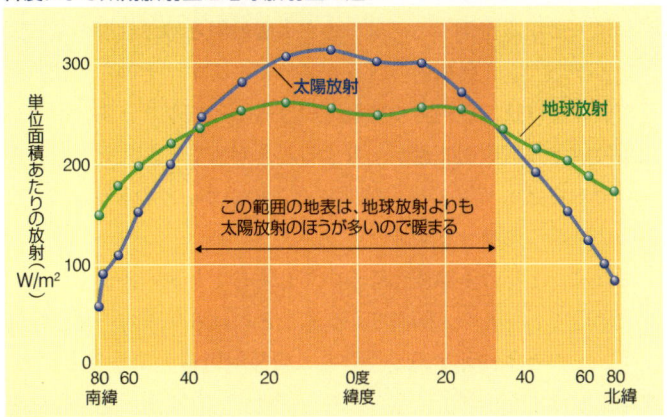

午後2時がいちばん暖かいのはなぜですか?

地球の気温を決めるのは太陽放射ばかりではなく、地球放射も大きく関係しているのです

　太陽光をもっとも強く感じるのは、太陽が頭上にくる正午ごろです。ということは、それにあわせて正午ごろが1日の中でいちばん暖かくなるのがあたり前のように感じますが、実際にはそうではありません。日ごろから利用する天気予報でも、日中の最高気温は午後2時ごろの気温であることがもっぱらです。

　太陽放射の1日の変化を見てみましょう。まず夜明けとともに太陽放射の量が増え始めます。太陽高度の上昇とともに、午前中はどんどん増え続け、南中する正午が最大となり、午後は徐々にその量を減らしていきます。

　一方、太陽放射に暖められた地表からは地球放射が行われます。地球放射も太陽放射の増加に比例して増えていきますが、太陽放射が最大となる正午ごろでは、まだ太陽放射と地球放射の量に大きな差があり、太陽放射のほうが勝っています。そのために、地球放射の量は正午を過ぎても増え続けることになります。やがて、太陽放射と地球放射の量が一致するときがきますが、そのときが1日でもっとも気温の高い時間になるのです。それがおおよそ、午後2時ごろになります。

　これは、1年の季節変化についても同じことがいえます。

　北半球でもっとも太陽高度が高くなるのは6月下旬の夏至の日です。このときに北半球が受ける太陽放射は最大になりますが、地球放射はまだ小さく、さらに増え続けていきます。夏至の日を

過ぎて減っていく太陽放射は、やがて増え続ける地球放射と同量となり、そのときが北半球がもっとも暑くなるときですが、それが夏の8月なのです。

1日の変化で見れば2時間の遅れが、1年で見れば2カ月の遅れとなるのです。

時間による太陽放射量との地球放射量の違いと気温の変化

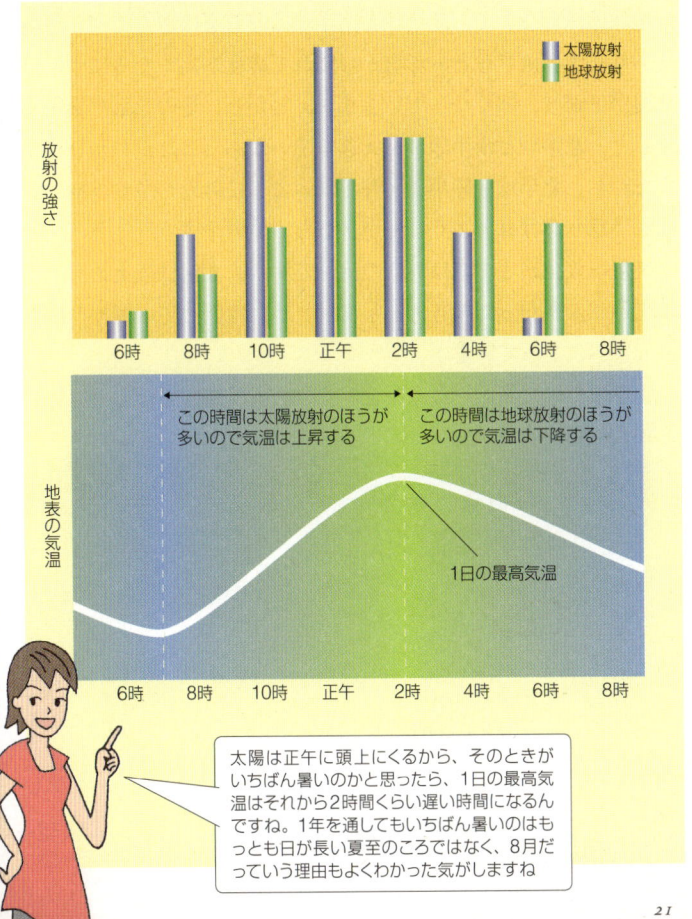

太陽は正午に頭上にくるから、そのときがいちばん暑いのかと思ったら、1日の最高気温はそれから2時間くらい遅い時間になるんですね。1年を通してもいちばん暑いのはもっとも日が長い夏至のころではなく、8月だっていう理由もよくわかった気がしますね

北半球と南半球の気候に違いはありますか？

陸半球である北半球では複雑な天気となり、海半球である南半球では強烈な風が吹きます

　地球は球形なので、北半球と南半球は赤道をはさんで同じ環境にあります。両半球とも赤道から離れて緯度が高くなるにつれて気温が下がり、寒くなっていきます。しかし、その地形を細かく見ると、北半球と南半球には大きな違いがあることがわかります。すなわち、北半球は陸半球と呼ばれるように陸地が多く、南半球は海半球と呼ばれるように海が多くなっています。

　気象現象を起こすのは大気の流れですが、大気は陸上と海上ではずいぶん異なった動き方をします。それは陸と海の摩擦抵抗力の大きさによっています。

　北半球では、高山や高原などが多いため、偏西風などの大気運

北半球と南半球の風（1月）

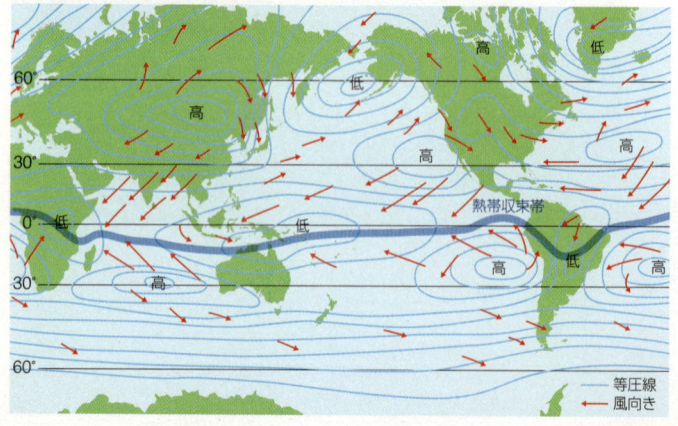

動はそれにぶつかって動きを大きく変化させます。また、陸は太陽光の影響を受けた温度変化が激しく、昼間は暖かく夜は寒くなります。その変化は西から東へ、あるいは東から西へ移動する大気を蛇行させたり、あるいは低気圧や高気圧を発生・発達させる要因となります。そのために、北半球の気象は変化に富んだものになります。

　一方、海が多い南半球では、大気が海面から大きな摩擦を受けることがありません。そのため、北半球では、陸の摩擦によってその力を弱められる偏西風が、南半球では強い風速のまま直進します。また、南極を取り巻く南緯60度付近の海洋の様子は北半球の北緯60度とは比べものにならないほど厳しいものです。

世界でもっとも荒れる海として有名な南氷洋

北半球と南半球の風（7月）

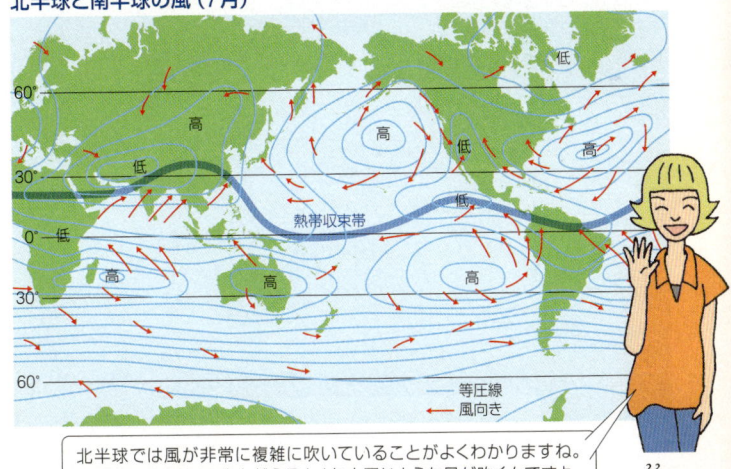

北半球では風が非常に複雑に吹いていることがよくわかりますね。
南半球では南緯30度を越えると1年中同じような風が吹くんですよ

雲はどうしてできるんですか？

上昇した大量の水蒸気が大気中のゴミである エアロゾルと出合うことで雲は生まれます

　海洋などの水が蒸発して水蒸気となって上昇し、**水滴**や**氷晶**となり固まって浮かんでいるのが雲です。雲をつくる水滴や氷晶を**雲粒**と呼びます。雲粒は簡単に下に落ちそうに思えますが、なかなか落ちません。それは、雲粒が半径0.01mm程度ときわめて小さいことが原因です。

　暖かい大気は軽くなる性質があります。そのために、太陽光によって暖められて周囲よりも軽くなった大気は上昇していきます。この大気の運動が上昇気流です。

　1つの雲の中に含まれる雲粒が含む水蒸気量は驚くほど大量なもので、何トンという重さがあります。それが大きな雨粒にまと

> この雲の中には何トンもの水が含まれていますが、水蒸気として気体になっているから、空気に支えられてなかなか落ちてこないんですよ

まればすぐ雨として落ちてきますが、細かい雲粒の状態では、表面積が非常に大きくなるために、上昇気流が雲粒を支えることができるので、落ちずに雲として空に浮かんでいるのです。

　大気は、温度によってその中に含むことのできる水蒸気量が決まっています。その限界点を**露点**といい、湿度100％の状態です。しかし、大気中では、湿度が100％を超えているにもかかわらず、水蒸気が液体にならずに気体のままでいることがあります。この大気中に水蒸気があふれている状態を**過飽和**といいますが、過飽和状態の大気中では水蒸気が雲粒に変わりやすくなっています。この水蒸気が雲粒に変わっていくときに大きな役割を果たすのが、大気中のゴミである**エアロゾル**です。

　エアロゾルとは、風が巻き上げた土壌成分や火山噴出物、工場などから排出された煙に含まれるスス、海の波から飛びだした塩の粒子などのことです。それは雲粒よりもさらに細かい粒子なの

表面積が増えると空気の抵抗も増えていく

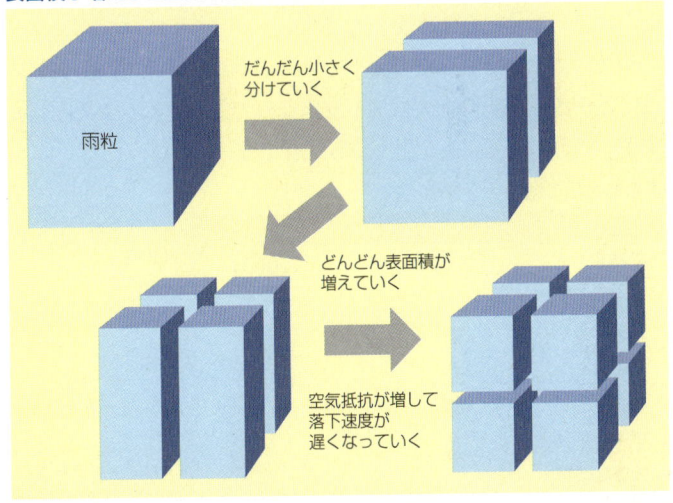

でいつまでも大気中をただよっていますが、吸湿性の高いエアロゾルが水蒸気を大量に結合して雲粒に成長させ、雲となっていくのです。このようなエアロゾルを<ruby>凝結核<rt>ぎょうけつかく</rt></ruby>と呼びます。

さまざまな原因で発生する上昇気流

雲ができるときに不可欠なものに上昇気流があります。上昇気流は、太陽光に暖められた地表に接している大気が周囲の大気よりも軽くなって上昇していくときに発生すると書きましたが、すると夜には雲は発生できないことになってしまいます。しかし、実際には雲は夜でも発生しています。ということは、日射は上昇気流が起きる原因の1つにすぎないことがわかります。

たとえば、地上を流れる風が山にぶつかったとき、風は斜面に沿って昇っていきますが、そのときには上昇気流が発生しています。この上昇気流は山頂付近に雲を発生させます。また、2つの風がぶつかったとき、行き場を失った風は上空に向かいますが、このときにも上昇気流が発生します。

暖かい大気が地上にあり上空の大気が冷たく、地上の大気との温度差が大きい場合、大気は不安定なので上下逆転しようとしますが、これによっても上昇気流が発生します。

雲の粒と雨の粒の大きさの比較

種類	半径(mm)	落下速度(m/s)
凝結核	0.0001	0.0000001
標準的な雲粒	0.01	0.01
大きな雲粒	0.05	0.27
霧雨の粒	0.1	0.7
小さい雨粒	0.5	4.0
標準的な雨粒	1.0	6.5
大きな雨粒	2.5	9.0

> 雲の粒が雨になるには、半径が50倍にならなければいけない、ということは体積でいうと10万倍以上に大きくならなければならないんです！

日本がある中緯度地方では、低緯度の暖気と高緯度の冷気がぶつかり、前線ができることが多いですが、暖気の下に寒気がもぐり込むようなぶつかり方をする寒冷前線（→P52）の上では、暖気が上空へまっすぐ昇っていくため、強い上昇気流が発生します。一方、寒気を追いかけるように暖気が寒気のつくる斜面を登っていくときにも上昇気流が発生します。

これらすべての上昇気流が雲を発生させます。

さまざまな条件によってつくられる上昇気流

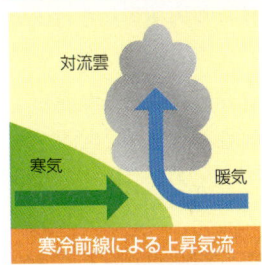

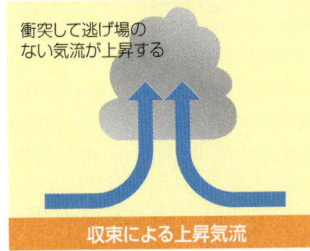

9 雲にはどんな種類があるんですか?

雲の基本的な形は国際的なルールで10種類に決められています

　雲は国際的なルールによって10種類に分類されていて、それを**10種雲形**といいます。

　まず初めに、雲は、垂直方向に積み重なっていく対流雲と、横に広がっていく層状雲の2つに分類されます。

　いちばん初めに誕生する対流雲は**積雲**です。わた雲とも呼ばれ、空におまんじゅうを浮かべたように見えます。だいたい、1000〜3000mの高さに浮かんでいます。積雲が発達しておまんじゅうが大きくなり、上に積み重なった雲を**雄大積雲**といいますが、これは夏によく見かける入道雲のことです。雄大積雲がさらに発達したものを**積乱雲**といいます。積乱雲は雷雲とも呼ばれ、その中では雷が発生し、強い雨を降らせます。積乱雲は対流圏界面まで成長すると、それより上には昇っていけないので横に広がっていきますが、このときにできる雲をかなとこ雲といいます。対流

積雲（対流雲）

積乱雲（対流雲）

雲は対流圏全体にできる雲です。

一方、層状雲は横に広がっていく雲なので、できる高度によって呼び名が異なります。高度2000m程度までの下層にできるのが**層雲**と**層積雲**です。特に層雲は地面に接しているときがありますが、それが霧です。高い山へ登ったときに、よく晴れた山上から雲海を見るときがありますが、雲海は下層にできた層雲を上から見下ろしているものです。層積雲は、大きな雲のかたまりが畑のうねのように並んでいるように見えることから、うね雲とも呼ばれています。

中層にできるのが**高層雲**、**高積雲**、**乱層雲**です。乱層雲は高層雲が発達したもので、高度6000m程度にまで成長し、強い雨を降らせます。温暖前線（→P52）の下で雨が降っている場合、それは乱層雲が降らせている雨です。高積雲はひつじ雲とも呼ばれるように、小さなかたまりになった雲が連なっている雲で、高層雲は薄く刷毛ではいたような雲です。高積雲と高層雲は雨をもたらすことはありません。

対流圏界面に近い上層にできる雲が**巻雲**、**巻積雲**、**巻層雲**です。巻積雲は、ひつじ雲のかたまりを小さくしたような雲で、うろこ雲と呼ばれます。巻雲と巻積雲はどちらも刷毛で薄くはいたよう

層雲（層状雲）

（写真：Simon Eugster）

層積雲（層状雲）

（写真：Thegreenj）

な雲です。上層の大気は冷たいので、上層にできる雲は氷晶でできています。しかし、もともとあまり水蒸気を含んでいないので、上層にできる雲はどれも雲量は多くありません。それが強い風に流されるため、刷毛ではいたような雲になるのです。

中層雲である高層雲が太陽を隠すときとは異なり、巻層雲が太陽を隠すときには、雲が薄いために太陽が透けて見えることがあります。このときには、暈(かさ)と呼ばれる光輪が太陽の周りに発生することもあります。

高層にできる層状雲は雨をもたらすことはありませんが、中層雲である乱層雲を引き連れていることがあります。この場合は低気圧が接近しており、翌日、あるいは数日後に天気が崩れて雨が

高層雲（層状雲）

高積雲（層状雲）

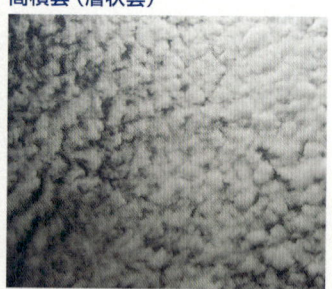
(写真：Simon Eugster)

乱層雲（層状雲）

(写真：PiccoloNamek)

巻層雲（層状雲）

(写真：Fir0002)

降ることが予想されます。

層状雲の場合、層積雲、高積雲、巻積雲はどれも同じように、かたまりとなった雲が並んでいることがわかりますが、雲が含む水蒸気量の違いによって、そのかたまりが上層へ行くほど小さくなっていきます。

対流雲と層状雲

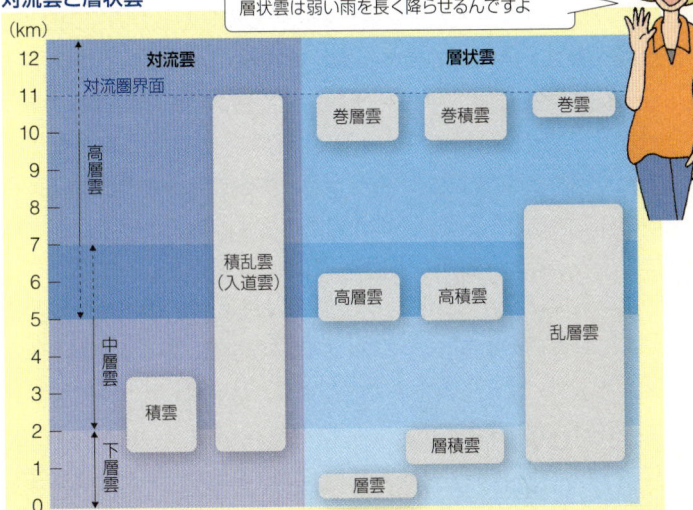

これらの雲を10種雲形と呼びます。対流雲は短時間に強い雨を降らせるのに対して、層状雲は弱い雨を長く降らせるんですよ

巻積雲（層状雲）

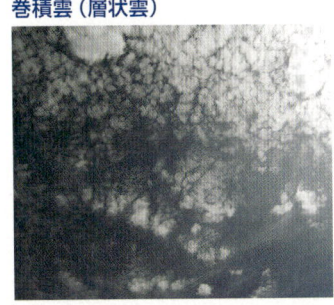

巻雲（層状雲）

雨はどうして降るんですか？

大量の雲粒が大きく成長して雨粒になると、その重さによって地上に降ってきます

　雨とは、雲の中で大量の雲粒（うんりゅう）が結合し成長してできた雨粒（あまつぶ）が、地上へ落ちてきたものです。雲粒は非常に小さなもので、半径が0.01mm程度のものです。それに対して、雨粒の半径は1mm程度なので、雲粒は雨粒よりもきわめて小さいことがわかります。半径で100倍の違いがあるとき、体積で比べると雨粒は雲粒の100万倍の大きさということになります。雲粒がその大きさにまで成長しないと雲から雨は降ってきません。

　上昇気流に支えられて、下に落ちることなく雲の中にとどまっている雲粒は、水蒸気がエアロゾルの凝結核によって集められ成長したものですが、雨粒まで成長するには100万個の雲粒が結合する必要があります。それは非常に難しいことなので、大半の雲粒は雨粒にはなれずに蒸発して消えていきます。雲粒が姿を消すということは当然、雲もその姿を消します。非常に細かい雨である霧雨の場合、その半径は雨粒の10分の1ほどですが、霧雨の粒

雨粒の形

この形にはならない

2mm程度まで
球形

2mm以上
空気の抵抗を受けて扁平になる

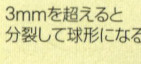

3mmを超えると分裂して球形になる

雨粒は下へ落ちていくときに空気の抵抗を受けるから、真ん中がへこむようになって横に長い形になるんですね

まで成長できたとしても、上昇気流が強ければ下へ落ちることはできませんし、上昇気流が弱くて下へ落ちたとしても、霧雨の粒程度の大きさでは地上へ届く前に蒸発してしまいます。

　雲粒をつくりだす凝結核のなかにはイオンとなって雲粒の中に溶け込み、帯電させるものがあります。帯電した雲粒は水蒸気を取り込んで蒸発しづらくする効果があるので、雲の中に帯電した雲粒と帯電していない雲粒があるとき、帯電した雲粒のほうが大きく成長していくことができます。いったん成長を始めた雲粒はどんどん水蒸気を集めて大きくなっていき、下へ落ちていきますが、そのときに下にある水蒸気や雲粒を吸収することによってますます成長していき、雨となって地上へ降ってくるのです。

雲粒と雨粒の大きさ比較

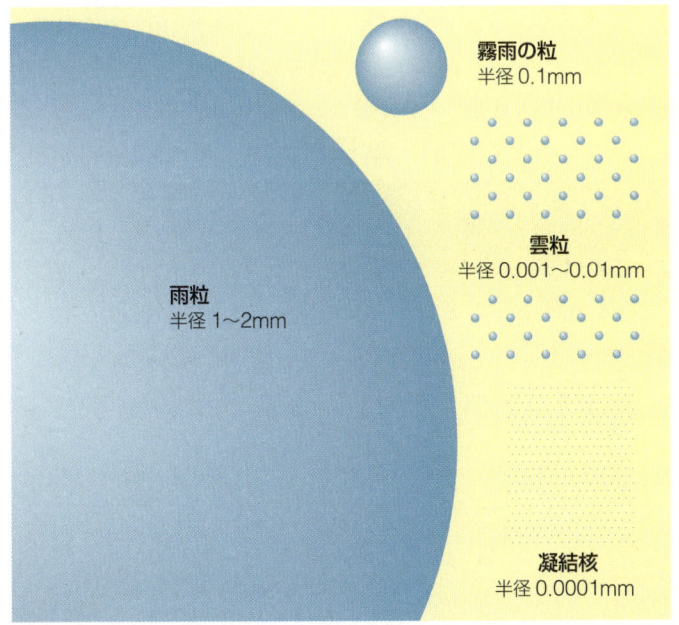

暖かい雨ってなんですか？

赤道周辺の低緯度地方では上空に氷晶をもたない雨が降ります

　赤道付近の低緯度地方で降る雨に多いのが、**暖かい雨**と呼ばれるものです。

　通常、高度が1000m高くなると気温は約6.5℃下がります。ということは、地上の気温が30℃だったとしても10000m上空の対流圏界面付近では65℃も低く、−30℃を下回ることになります。雨を降らせる雲が対流圏界面まで広がっている場合、雲の上層部には氷晶ができ、それが降下するにつれて溶け、雨となるのが一般的な降雨ですが、赤道付近の低緯度地方では、それとは違う仕組みの雨が降ります。それが暖かい雨です。

　たとえば南太平洋では、強い日射しによって海水から水蒸気が

正面の雲の中では熱帯特有の暖かい雨のスコールが降っているんですけど、その降水時間は短いんです

盛んに蒸発し、上昇気流が発生し積雲が生まれます。積雲は気温の上昇とともにさらに発達して積乱雲となっていきます。それと同時に、波風によって海水中の塩粒子が大気中に飛びだします。凝結核としての役割を果たす塩粒子は、非常に吸湿性が高いので、積乱雲の中にある水蒸気を簡単に吸収し、雲粒から雨粒へと成長していきます。

　雨粒のなかで積乱雲の上昇気流では支えられないほど大きくなるものができたとき、その雨粒は下へ落ちていきます。すると、雲粒よりも落下速度が速いので、下にある雲粒や小さな雨粒を吸収してさらに大きくなり、雨となって降りそそぐことになります。

　積乱雲の雲頂が低くて気温が十分に低くならず、その中が水蒸気ばかりで氷晶ができないような積乱雲でも、塩粒子があると雨粒ができ、雨が降るのです。南の島でよく見るスコールこそ暖かい雨の代表ですが、その降水時間は短く、ザッと降ってサッと上がるのが特徴です。

暖かい雨の降る仕組み

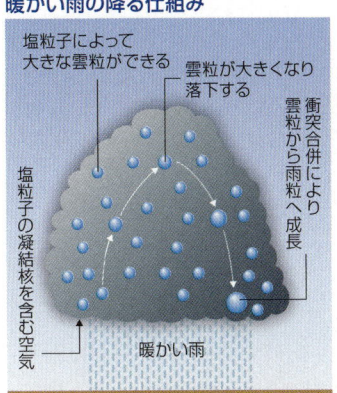

低緯度地方や夏の中緯度地方では、雲粒同士がぶつかって雨粒へと成長し、氷晶をつくることなく暖かい雨となる

雲粒が大きく成長していく衝突合併

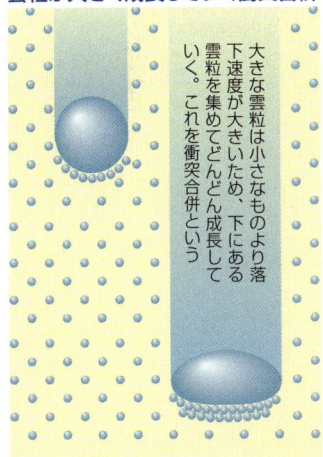

大きな雲粒は小さなものより落下速度が大きいため、下にある雲粒を集めてどんどん成長していく。これを衝突合併という

冷たい雨ってなんですか？

上空に氷晶をもつ雲から降る雨で、日本などで降る雨を冷たい雨と呼びます

　日本がある中緯度地方やさらに北の高緯度地方で雨を降らせる雲は、その雲頂部に氷晶をもっています。この氷晶をもった雲が降らせる雨を冷たい雨と呼びます。冷たい雨が降る仕組みは、暖かい雨の仕組みとは違っています。

　中・高緯度地方では、発達した積乱雲の雲頂部は対流圏界面に達しますが、それほどの高度でなくても、大気の温度は氷点下となります。しかし、積乱雲の中の雲粒は非常に小さいため、気温が氷点下になったくらいでは凍りません。凍らずに液体のままた

高度と温度による積乱雲の中の水滴の変化

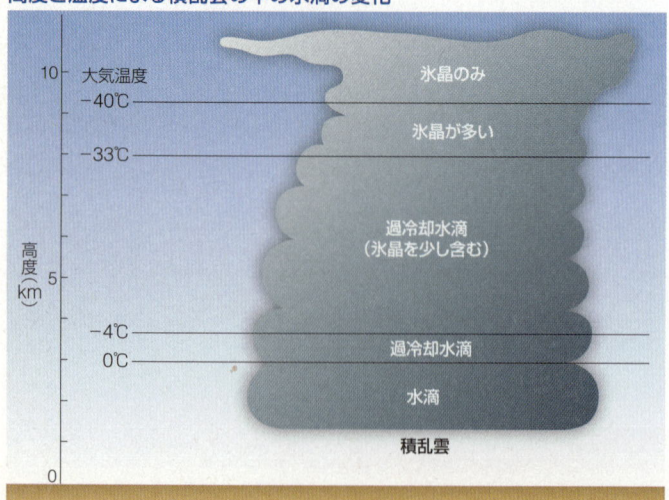

だよっている雲粒（水滴）を**過冷却水滴**と呼びます。

　凝結核（この場合は**氷晶核**と呼ぶ）がない場合、過冷却水滴は気温が−40℃程度になる雲頂部でようやく氷晶となりますが、鉱物の結晶などの氷晶核がある場合には、より高い気温で氷晶ができます。できた氷晶は周囲の過冷却水滴を集めて成長し、落下していきますが、そのとき氷晶同士が衝突して合体したり分解されたりします。合体した氷晶は大きくなり落下速度を速め、さらに成長していきますが、分解されたものは細かな氷晶としてふたたび過冷却水滴を集め、成長していきます。こうして、初めはわずかしかなかった氷晶がその数を増やしていくのです。

冷たい雨が降る仕組み

上昇気流によって上昇してきた水滴が、氷晶となりゆっくり落下していく

−20℃

氷晶は雪に成長していき、衝突合併であられなどになる

過冷却水滴

雪

0℃

あられなどが溶けて雨粒になる

水滴

雨粒

（写真：Tomasz Sienicki）

私たちがふだん見る雨は、氷や雪が落ちてくる途中で溶けて水になったものなんですね

冷たい雨

中・高緯度地方で降る雨は、水滴となった水蒸気が上空の冷たい空気に冷やされて氷晶となる。上昇気流で支えられないほど成長した氷晶は落下し、暖かい下層で溶けて冷たい雨となる

積乱雲中を落下していく氷晶ですが、その高度を下げるとともに周囲の気温が上昇します。それによって溶けて雨粒となり、地上へ降ってきます。

層状雲が降らせる冷たい雨

同じ冷たい雨でも、層状雲が降らせる雨は積乱雲が降らせる雨とはその仕組みが違っています。

層状雲は横に広がる雲のため、1つの雲が対流圏界面まで成長することがなく、下層・中層・上層でそれぞれ異なる雲が成長していきます。層積雲の中でもっとも大きく成長し雨をもたらす乱層雲がかかると、それより上空が見えないため地上から観測することはできませんが、乱層雲の上には上層雲があります。中層で成長する乱層雲の中は気温が十分に下がらないため、雲粒が過冷却水滴のままで雨にまで成長できずにいますが、乱層雲に氷晶が加わると過冷却水滴が雨に変わっていきます。その乱層雲に氷晶

氷と過冷却水での飽和水蒸気圧と温度の関係

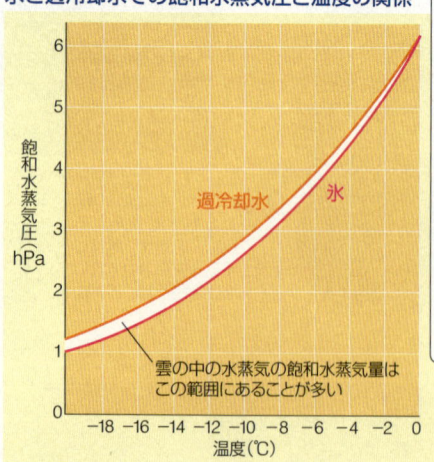

気温が氷点下になると、氷は過冷却水よりも飽和する水蒸気圧が低いんです。雲の中では水蒸気がこの2つの線にはさまれた状態になっていることが多く、その水蒸気は、過冷却水に対しては飽和していませんが、氷に対しては飽和している状態です。ということは、水蒸気は蒸発して氷晶が成長していくことになります。水蒸気が少なくなると、過冷却水が蒸発することによって水蒸気が補給されるために、氷晶は成長し続けることができて、雨となるんです

を加えるのが上層にある巻雲です。

　上層で十分に冷やされた巻雲の雲粒はすべて氷晶となっており、巻雲から落下した氷晶が乱層雲に入ると、過冷却水滴を集めて雪へと成長していきます。雪にまで成長した氷晶は、乱層雲の中で溶けて雨に変わりさらに落下していきますが、乱層雲の下に層雲がある場合には、地上へ届くまで雲の中にいるので、雨量が増します。

　層状雲が降らせる雨は、通常は雨粒の小さいおだやかな雨ですが、時には乱層雲の中で部分的に積乱雲のように高く成長することがあります。すると、その下の地上では雨足が強くなることがあります。

層状雲が降らせる冷たい雨の仕組み

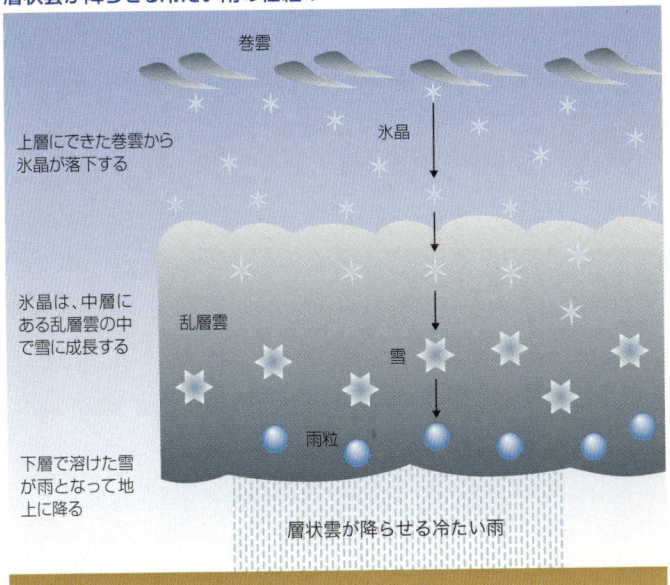

巻雲

上層にできた巻雲から氷晶が落下する

氷晶

氷晶は、中層にある乱層雲の中で雪に成長する

乱層雲

雪

雨粒

下層で溶けた雪が雨となって地上に降る

層状雲が降らせる冷たい雨

13 雪はどうしてできるんですか?

冷たい雨の中で成長した氷晶が溶けずに凍ったまま地上まで届いたものが雪です

　降っていた雨が夜や明け方には雪に変わっているというようなことは、私たちが日常的に経験していることです。雨を雪に変えたのは、あたり前のことですが気温の低下です。地上の気温が2℃程度にまで下がったときには氷晶（ひょうしょう）は溶けることなく、固体のまま地上へ落ちてきます。また、途中の大気の湿度が低ければ、氷晶はさらに溶けにくくなります。

　冷たい雨を降らせる積乱雲の中で誕生し、成長した氷晶こそ雪の結晶のことですが、氷晶はそれができるときの気温と水蒸気量によって、その形をさまざまに変化させます。雪の結晶としても

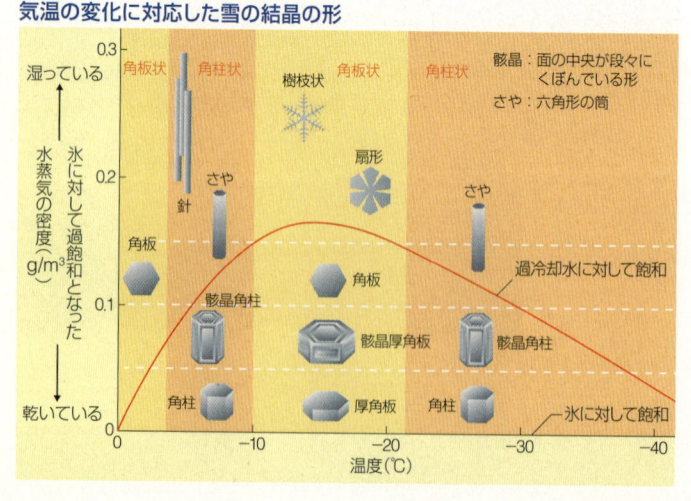

気温の変化に対応した雪の結晶の形

っともなじみの深い六角形の樹枝状のものは、気温が−10〜−20℃程度で、水蒸気が十分に飽和しているときにできます。

　樹枝状のほかにも角柱や角板状になるなど、変化に富む雪の結晶ですが、すべて六角形をしています。それはなぜかといえば、水の分子（H$_2$O）構造に原因があります。水の分子は、水素─酸素─水素とつながっていますが、それがおおよそ120度の角度でつながっているため、六角形を基本とした形になるのです。

　積乱雲の中を落下する氷晶ですが、強い積乱雲の中では、いったん落下し始めても、ふたたび上昇気流に捕らえられて上昇してしまうことがあります。このときの氷晶は、積乱雲の中で落下と上昇を繰り返しながら大きく成長していきます。やがて十分に大きくなり、その直径が5mm程度までに成長し、そのまま地上へ届いたものが**あられ(霰)**です。直径が5mmを超えたものが**ひょう(雹)**です。霰も雹も途中で溶けた場合には、大粒の雨となります。

さまざまな形をした樹枝状と扇形の雪の結晶

14 風はなぜ吹くのですか?

気圧の高いところから低いところへ移動する空気の流れが風です

　太陽からの日射量のぐあいなどによって、地表の温度には地域差ができます。周囲より暖かいところでは大気が暖められるので、軽くなり上昇していきます。すると、そこは大気量が減るので気圧が下がります。一方、上空では下から大気が上昇してくるので、大気の密度が高くなり、気圧が上がります。

　反対に、日射量が少なく寒いところでは、大気が冷やされ重くなります。その結果、大気は下に落ちてくるので気圧が上がります。しかし、その上空では、足元の大気が下に行ってしまうので

気圧の高いところから低いところへ流れる風

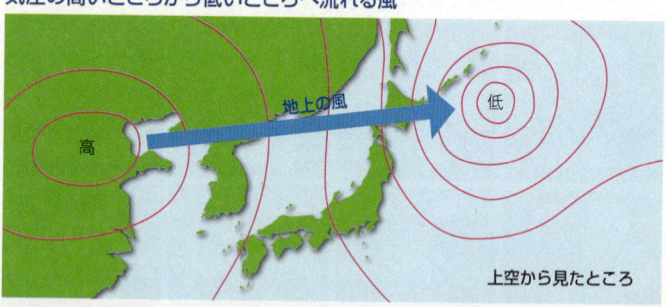

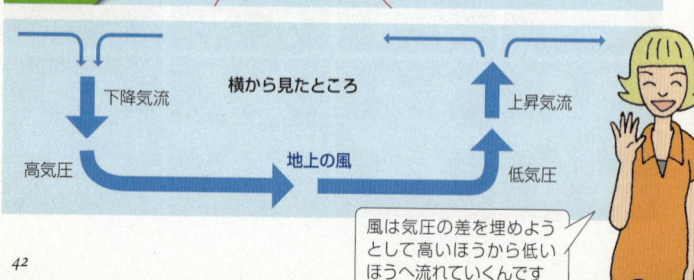

地上の風
高
低
上空から見たところ

下降気流　横から見たところ　上昇気流
高気圧　　地上の風　　低気圧

風は気圧の差を埋めようとして高いほうから低いほうへ流れていくんです

大気量が減り、気圧が下がります。

　このように地域によって大気圧に差ができるとき、大気はかならずその差を埋めて平均化しようとするので、気圧の高いところから低いところへ大気が移動します。これが風ですが、気圧差が大きいほど速く移動するので風の力に強弱ができるのです。そのときに働く力を**気圧傾度力**といいます。もちろん、地上ばかりでなく、高空でも、同じように気圧の高いところから低いところへ大気が動いていきます。

　以上のような風の吹く仕組みは、ふだん生活している周辺でばかりではなく、より広範な地域でも見ることができます。たとえば、陸上と海上の気温差から生まれる**局地風**や、大陸と海洋の間に起こる**季節風**にもあてはまります。地球規模で循環する大気の流れがつくりだすさまざまな風も同じ原理で吹きます。

局地風

夜
下降気流　陸風　上昇気流
陸上（低）　温度　海上（高）

昼
上昇気流　海風　下降気流
陸上（高）　温度　海上（低）

季節風

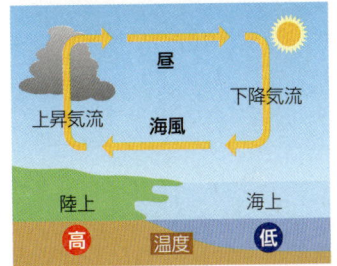

冬
陸上は気温が低く、空気が重い
海上は陸上よりも気温が高く、空気が軽い

夏
陸上は気温が高く、空気が軽い
海上は陸上よりも気温が低く、空気が重い

15 高気圧と低気圧の違いはなんですか？

下降気流によってできるのが高気圧で、上昇気流によってできるのが低気圧です

　天気図に描かれた等圧線を見ると、同心円のように線が閉じているところがあります。その円の中心の気圧が周囲よりも高ければ、そこが高気圧の中心で、低ければ低気圧の中心です。高気圧では上空から地上へ向けて下降気流が流れていますが、低気圧では逆に上昇気流が発生しています。高気圧と低気圧の違いは気流の流れる方向にあるので、表示された気圧の数字が高気圧よりも高い低気圧が発生することもあります。

　日本に現れる高気圧には、南からやってくるものと北からやってくるものとで、違いがあります。南からやってくるのが太平洋高気圧です。これはハドレー循環（→P12）によって送られてきた赤道周辺の暖かな大気が、中緯度地方で下降気流となることでつくられる高気圧です。この高気圧にはどんどん大気が供給される

背の高い高気圧と背の低い高気圧

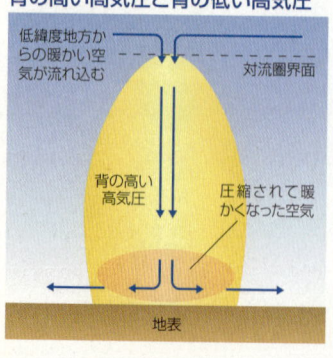

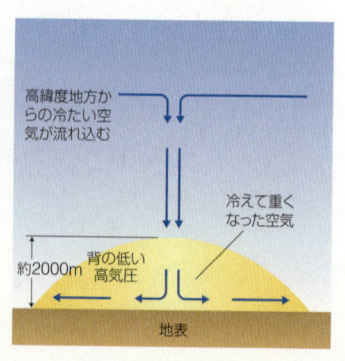

左図：
- 低緯度地方からの暖かい空気が流れ込む
- 対流圏界面
- 背の高い高気圧
- 圧縮されて暖かくなった空気
- 地表

右図：
- 高緯度地方からの冷たい空気が流れ込む
- 冷えて重くなった空気
- 約2000m
- 背の低い高気圧
- 地表

ので、対流圏界面まで届く**背の高い高気圧**になります。

これに対し、北からの高気圧はシベリアからやってきます。放射冷却によって冷やされた大気は重くなるため下降気流となり、地上へ落ちてきて高気圧をつくりますが、その性質上、高度が2000mほどの**背の低い高気圧**となります。

一方、日本周辺で低気圧が発生する大きな要因が、性質の異なる気団の衝突です。中緯度地方は南の暖気と北の寒気がぶつかり合うところであるため、よく上昇気流が発生しますが、そこにはかならず**前線**が発生します。中緯度地方の低気圧の大きな特徴は前線をともなっていることで、**温帯低気圧**と呼ばれます。

中国大陸で生まれた低気圧は、まだ前線をもっていないものが多いのですが、それが東に移動して東シナ海にでると前線ができます。それが日本付近までくると、より大量の南の暖かな大気に触れるため、前線の働きが活発となり、低気圧が急速に発達し通過していきます。

中緯度地方に特徴的なものに偏西風がありますが、温帯低気圧の発生には、偏西風が大きな影響を与えています。

低気圧の中心に吹き込む大気が巨大な渦をつくりだしているんです

(写真：NASA)

16 コリオリ力ってなんですか?

球体上で運動するものに働く力で、北半球では運動方向に右側へ直角に働きます

　気圧の高いところから低いところへ風が吹くとき、風は**気圧傾度力**によってまっすぐに進もうとします。天気図などでおなじみの等圧線でいえば、風は等圧線に対して直角に吹こうとします。しかし、実際に観測される風は等圧線に対して直角には吹きません。それは、風に気圧傾度力以外の力が加わっているからで、それが**摩擦力**と**コリオリ力**です。

　摩擦力とは地表の形状が風に加える力で、風の力を弱める働きをするため、実際の風向きとは逆の方向に作用します。摩擦力については誰でも簡単に理解できることと思います。

　コリオリ力とは、地球が球体で自転しているために作用する力です。地表という特殊な環境ではまっすぐに運動しているのですが、まっすぐには観測されないのです。もちろん、風にばかりで

北半球では運動方向を右に曲げようとするコリオリ力

北半球
発射された弾丸が運動を始めた方向
実際に飛んだ軌跡
赤道

> コリオリ力のために北半球では右に曲がってしまいますが、南半球では逆に進行方向に対して左に曲がるように作用するんですよ

なく、すべての運動体に作用します。北半球では進行方向に対して右側・直角に作用します。また、高緯度地方では強く作用しますが、緯度が低くなるに従って弱くなり、赤道上ではゼロとなります。南半球では北半球とは逆に進行方向に対して左側・直角に作用します。そのため、北半球で発生した台風は赤道を越えて南半球に入ることができません。

　以上の3つの力によって、風の吹く方向と風速が決まりますが、実際の天気図を見れば明らかなように、ほとんどの等圧線は曲がっています。ということは、風も曲がって吹くことになるため、実際にはこの3つの力のほかに、もう1つ遠心力が加わるので、風に加わる力を解析するのは非常に難しいことなのです。しかし遠心力は弱いので、この解説では無視しています。

　ちなみに、コリオリとは、その現象を証明した19世紀のフランスの物理学者の名前です。

地上で吹く風に加わる3つの力

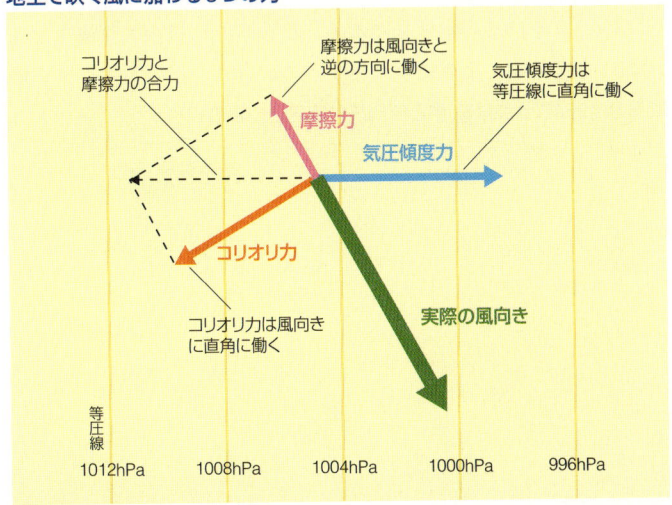

コリオリ力と摩擦力の合力	摩擦力は風向きと逆の方向に働く	気圧傾度力は等圧線に直角に働く

摩擦力　**気圧傾度力**

コリオリ力

コリオリ力は風向きに直角に働く

実際の風向き

等圧線　1012hPa　1008hPa　1004hPa　1000hPa　996hPa

17 地上の風と上空の風に違いはありますか?

地表との摩擦がある地上風は等圧線に対して斜めに、摩擦がない上空の風は等圧線に沿って吹きます

　地上で吹く風には、地表の摩擦力と地球の自転が引き起こすコリオリ力が作用することはすでに見ました。そのために、本来なら等圧線に直角に吹くはずの風が、北半球の場合、等圧線に対して少し右にずれて吹くことになります。その結果、地上の低気圧に吹き込む風は、逆時計回りに吹くのに対して、高気圧から吹きだす風は時計回りに吹くことになります。

　では、高度1000mを越えた自由大気層では、風はどのように吹くかというと、その事情は地上の風とは大きく異なります。地表から離れ、地表の摩擦が少なくなるに従って、風は等圧線に沿って吹くようにその角度をゆるめ、摩擦がない自由大気層では等圧線に平行に吹くようになります。このとき、風は気圧が低い側

高気圧から吹きだされる風と低気圧に吹き込む風の流れ

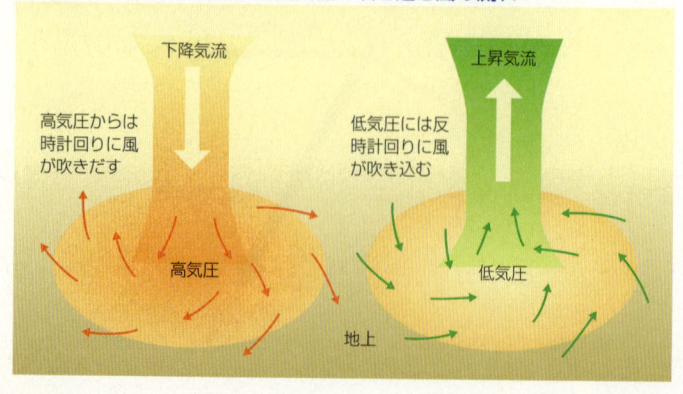

下降気流
上昇気流
高気圧からは時計回りに風が吹きだす
低気圧には反時計回りに風が吹き込む
高気圧
低気圧
地上

を左にして吹きますが、この風を**地衡風**と呼びます。

　天気図で見るように、等圧線はさまざまに湾曲していますが、その場合にも上空の風は等圧線に沿って吹いています。この場合の風には遠心力も関係しており、気圧傾度力とコリオリ力と遠心力がつり合った状態で吹いています。この風を**傾度風**と呼びます。

　陸半球である北半球では、1000mを超える高山や高原が多いため、上空の風は非常に複雑な吹き方をします。特にユーラシア大陸の東の端にある日本周辺ではその複雑さが顕著です。

　上空でどのような風が吹いているのかを知るためには、高層天気図（→P79）が便利です。

地上の風と上空の風

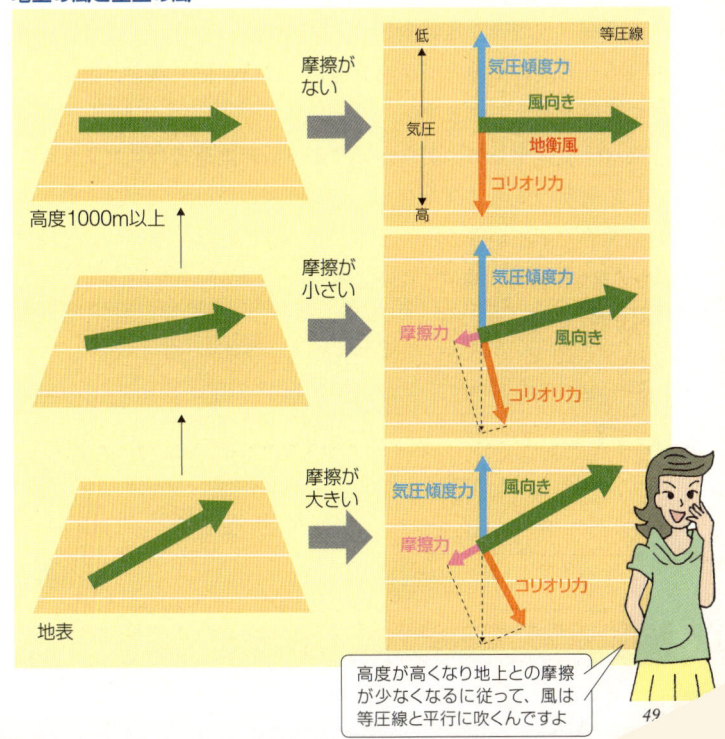

高度が高くなり地上との摩擦が少なくなるに従って、風は等圧線と平行に吹くんですよ

18 偏西風やジェット気流ってなんですか?

偏西風とは中緯度地方で常に西から東へ吹く風で、そのなかでも特に強く吹くのがジェット気流です

　赤道周辺の低緯度地方から、ハドレー循環によって運ばれた大気が中緯度地方で下降し、中緯度高圧帯をつくります。その中緯度高圧帯から高緯度地方へ吹きだす地上の風は、コリオリ力によって曲げられるため東へ向かって吹きますが、上空の風も東へ向かって吹いており、この風を偏西風と呼びます。

　偏西風は大規模な地球全体の大気循環がつくりだす風で、中緯度地方から高緯度地方で年間を通じて非常に強く吹き、気象に大きな影響を与えています。

　高層天気図を見れば明らかですが、低緯度地方では大気が暖かいため高層の気圧は高くなり、高緯度地方では大気が冷やされるので高層の気圧が低くなります。ということは、高層では低緯度

横から見た偏西風の吹いているところ

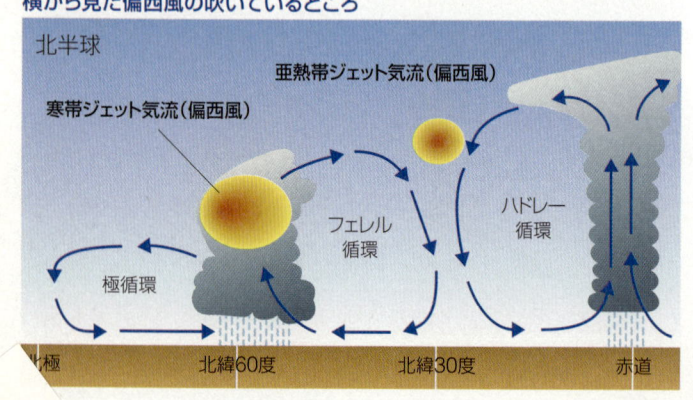

北半球

寒帯ジェット気流(偏西風)
亜熱帯ジェット気流(偏西風)
極循環
フェレル循環
ハドレー循環

北極　　北緯60度　　北緯30度　　赤道

地方から高緯度地方に向かって気圧傾度力が働いていることになります。高層の大気には地表の摩擦が働かないことをすでに見ましたが、そのため、特に中緯度から高緯度地方の高層では、地上よりもはるかに広い範囲で極地方を中心として東に向かう風が吹いています。これも偏西風と呼びます。

　偏西風の吹く中緯度地方は、南の暖かな大気と北の冷たい大気がぶつかるところでもあります。そこでぶつかり合う大気は気温差が大きいため、気圧差も大きくなります。ということは、大気がぶつかり合っているところの上空の気圧傾度力は、周囲よりもいっそう強くなります。そのため、そこではよりいっそう強い偏西風が吹いていますが、この偏西風を**ジェット気流**と呼びます。ジェット気流には寒帯ジェット気流と亜熱帯ジェット気流の2つがありますが、日本に大きな影響を与えるのは寒帯ジェット気流です。寒帯ジェット気流は、中緯度地方でよく発生する低気圧の影響を受けて南北に大きく蛇行します。

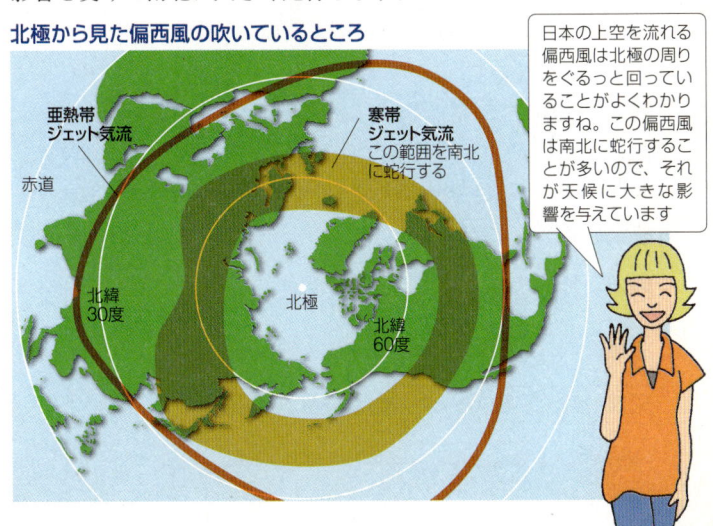

北極から見た偏西風の吹いているところ

亜熱帯ジェット気流
赤道
寒帯ジェット気流 この範囲を南北に蛇行する
北緯30度
北極
北緯60度

> 日本の上空を流れる偏西風は北極の周りをぐるっと回っていることがよくわかりますね。この偏西風は南北に蛇行することが多いので、それが天候に大きな影響を与えています

19 前線ってなんですか？

性質の異なる2つの気団が衝突するところに発生するのが前線です

寒気と暖気が衝突するところに発生する寒冷前線

　日本のある中緯度地方は、暖気と寒気がぶつかり合うところですが、寒気のかたまりの中に暖気がくさびを打ち込むように入っていくと、そこに低気圧が発生するのです。そこで生まれる低気圧は前線をもっていることが大きな特徴です。前線には4種類ありますが、そのなかでもっとも強い雨を降らせるのが**寒冷前線**です。

　寒冷前線は、北からの寒気が南からの暖気の下にもぐり込むように運動するときにできる前線です。2つの大気は面で接するので**前線面**ができますが、前線とは、その前線面が地上と接している線を指しています。寒冷前線の前線面は、北西方向へ斜めに上昇していきます。

　寒冷前線上では、反対方向への運動エネルギーをもつ大気がぶつかるため、寒気にもち上げられた暖気は上空へまっすぐに昇っていきます。そのために、前線上に積雲が生まれ、それが積乱雲

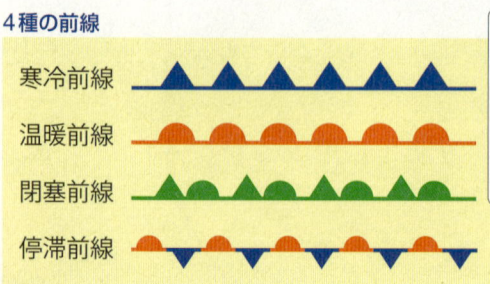

4種の前線

- 寒冷前線
- 温暖前線
- 閉塞前線
- 停滞前線

> 前線には4種類あって、それぞれ記号が決まっています。この記号は天気予報などでよく見かけるので覚えておきましょう。ちなみに、前線は三角形や半円形がついている方向へ進んでいきます

寒冷前線

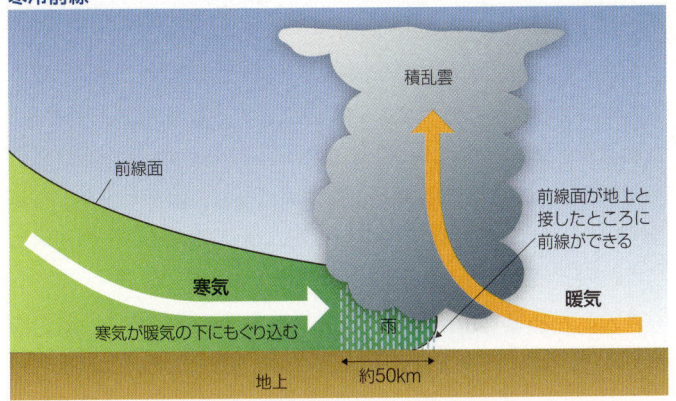

図中ラベル：積乱雲／前線面／前線面が地上と接したところに前線ができる／寒気／暖気／寒気が暖気の下にもぐり込む／雨／地上／約50km

へと成長していきます。積乱雲は、特に前線の北側で発達することが多いのですが、寒気の動きが速いときには、地上の摩擦によって上空の寒気が地上の前線面よりも先に進む場合があります。このときには前線の南側でも雨が降ります。

積乱雲は雷や突風をともなうなどするため警戒が必要ですが、速度が速く、しかもその幅は50km程度と狭いので、激しい雨も長くは続きません。寒冷前線が通過すると、それまで南西から前線に向かって吹いていた暖気が、北西から吹き込む寒気に変わるため、気温が急降下します。このような風向きや気温の変化から、前線が通過したことは簡単に感じることができます。

暖気が寒気を追いかけていくところにできる温暖前線

低気圧の中心から東側に向かってできるのが<u>温暖前線</u>です。ここでは、東に向かう寒気を暖気が追いかけていくように運動しています。温暖前線面は東に向かって斜めに上昇しているので、暖気は寒気がつくる坂を昇りながら東へ進むように運動します。2

つの大気が同じ方向へ進むため、その運動エネルギーは寒冷前線ほど強いものにはなりません。

そのため、温暖前線上では層状雲がつくられます。前線上では層雲ができ、乱層雲へと成長していきます。温暖前線の東側では乱層雲が生まれるため雨になりますが、その雨は寒冷前線が降らせる雨と比べるととてもおとなしい雨になり、雨量も少なくなります。しかし、乱層雲は前線面上に広くかかるため、雨の範囲は広く、時には500kmにもおよぶものになります。

また、乱層雲の東の上空には巻層雲や巻積雲、あるいは巻雲などの上層雲ができます。乱層雲から上層雲まで、その距離が1000km以上にもおよぶこともあるため、空高く見える巻雲が巻層雲や巻積雲に成長していくときには、やがて温暖前線が西から進んでくることが予想できます。

温暖前線では、暖気に押された寒気が低気圧の中心へ向かって流れていく運動も見られます。中心へ向かった寒気は、やがて行き場を失うため上昇していきます。このときの寒気は冷たいなが

温暖前線

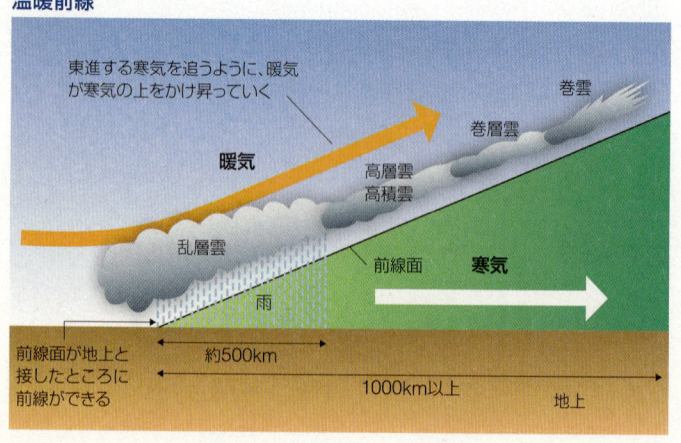

らも湿っているため、低気圧の中心の北側に雨雲をつくります。関東地方では3月ごろにドカ雪が降ることがありますが、それは日本の南海上を低気圧が通過するときに、温暖前線から上昇した寒気が降らせるのです。

低気圧の中心にできる閉塞前線

　寒冷前線で寒気が暖気を押す力は、温暖前線で暖気が寒気を押す力よりも強力です。そのため、低気圧から西へ延びる寒冷前線と東へ延びる温暖前線では、その速度に違いがあり、寒冷前線は徐々に温暖前線に近づいていきます。その結果、低気圧の中心部では寒冷前線が温暖前線に追いついて合体しますが、そのときにできる前線を**閉塞前線**と呼びます。

　閉塞前線では、寒気が寒気に追いついてしまったために、それに挟まれていた暖気は上昇していきますが、その上昇を後押しする暖気が少ないので、やがてその勢力を弱めて雲が消えていきます。また、閉塞前線が長く延びるに従って、低気圧そのものもそ

閉塞前線

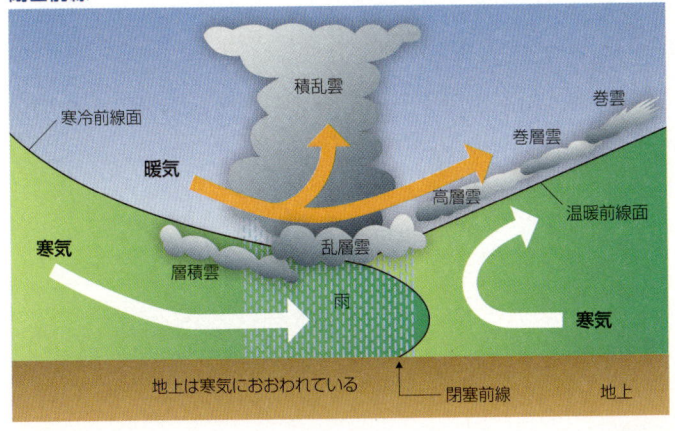

の勢力を弱めていきます。また、閉塞前線が切り離されて前線をもたない低気圧に変わっていくこともありますが、そのような低気圧にはエネルギーが補給されないので、やはり徐々に勢力を弱めていきます。

暖気と寒気の境界に長くできるのが停滞前線

　一方、ぶつかり合う寒気と暖気の勢力が拮抗しているときにできるのが**停滞前線**です。この前線は春から夏へ、あるいは夏から秋への季節の変わり目に日本の南海上に東西に長く連なって現れることが多く、春の最終期に現れる停滞前線を**梅雨前線**（→P100）と呼び、夏の最終期に現れるものを**秋雨前線**（→P124）と呼びます。停滞前線の下ではあまり強い雨は降りませんが、東西に長いために曇り空のぐずついた天気が続きます。

　中国大陸の南部で発生した停滞前線は、東シナ海へと延びてきますが、海上を進むにつれて発達するために前線上に低気圧を発生させることも多くあります。

停滞前線

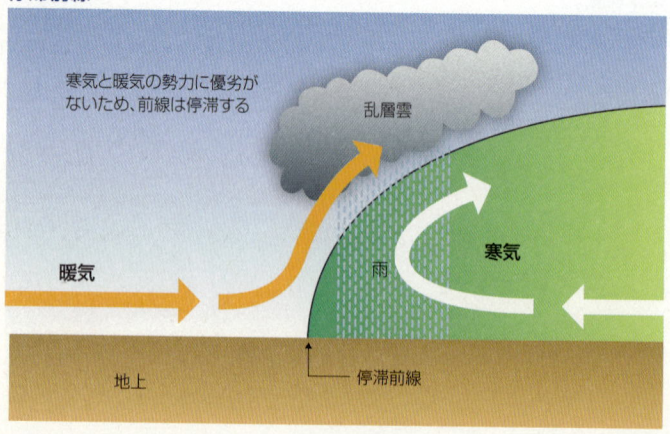

寒気と暖気の勢力に優劣がないため、前線は停滞する

乱層雲

暖気　雨　寒気

地上　停滞前線

天気予報と天気図 編

天気予報は私たちと気象との接点です。
明日の行動予定を決めるのに、
天気予報は不可欠なものになっています。
天気図の見方がわかれば
独自の天気予報さえ
できるかもしれません。

2

20 天気予報は誰がつくっているんですか？

かつては気象庁の独占でしたが、現在では多くの民間会社が天気予報を行っています

　天気予報は、私たちの生活に欠かすことのできない大切な生活情報です。また、気象は私たちの生命や財産に大きな影響を与える自然現象なので、これまでは国が責任をもって観測し予報を行ってきました。

　日本では1884年（明治17年）に初めて天気予報が発表されましたが、それは明治政府が設立した現在の気象庁の前身である東京気象台が行ったものです。第二次世界大戦中には、気象予報が機密情報とされたために発表されない時期もありましたが、1884年以来、天気予報は国土交通省の外局である気象庁が独占的に発

> 1階には無料で入れる気象科学館もあるんです

東京・大手町にある気象庁本庁舎　　　　　　　　　（写真：気象庁）

表していました。

しかし、1995年（平成7年）に天気予報の情報提供の自由化が行われると、独自の予報を提供する民間会社が数多く誕生しました。それらはすべて、気象庁長官の許可を受けて業務を行っていますが、なかには個人が行っているものもあります。また、自衛隊はその任務の性格上、独自の気象予測を行っています。地方自治体のなかにも、独自の天気予報を行っているところがあります。

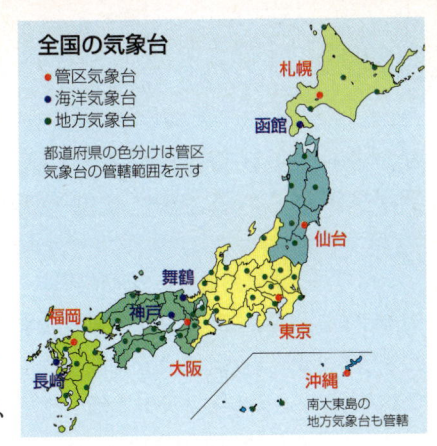

全国の気象台
- 管区気象台
- 海洋気象台
- 地方気象台

都道府県の色分けは管区気象台の管轄範囲を示す

札幌／函館／仙台／舞鶴／福岡／神戸／東京／大阪／長崎／沖縄 南大東島の地方気象台も管轄

現在では独自の観測網をもっている会社もありますが、多くは気象庁が発表する情報をもとにして、さまざまなきめ細かい要求に対応するように情報を提供しています。たとえば、観光地などはできるだけ詳細な天気予報を必要としていますし、屋外イベントの成否も天気が大きく関わっています。おなじみのところでは、春の訪れを実感させるサクラの開花情報や満開時期、夏の紫外線情報や秋の紅葉情報など、独自に予想しその正確さを競い合っています。テレビなどでは、お洗濯指数といったユニークな天気予報も行われています。

ただし民間会社では、注意報や警報を発令することはできません。それは、市民の生命・財産に大きく関わってくる重要な情報のため、情報の混乱を避けるために注意報と警報は気象庁にだけ、発令権限が与えられているからです。

21 天気予報にはどんな種類があるんですか？

インターネットの普及によって気象予報会社がアイデアあふれるさまざまな予報を行っています

　私たちがまず必要とする天気情報は、今日の天気でしょう。朝、でかける前に今日1日の天気を調べ、傘が必要かあるいは上着をどうしようかといったことを知ろうとします。このようなときには1日を細かく区切った天気予報が役立ちますが、このために行われている天気予報を**時系列予報**といい、3時間ごとの予報を24時間先まで行っています。

　夜には、明日の天気が気になるかもしれません。このような短期の天気予報を**短期予報**と呼び、今日・明日・明後日の予報を行います。また、旅行やイベントなどを予定している場合には、1週間先の予報も気になるでしょう。このために**週間予報（中期予報）**が提供されています。より長期の予報としては**長期予報**があり、1カ月・3カ月先の予報を発表しています。これらの予報は気象庁だけでなく、民間の気象会社でも広く行われています。

　天気予報の内容は、たんに晴れや曇り、雨といったことばかりでなく、最低気温や最高気温、降水確率や降水量、風速や風向き、波の高さなど、生活により密着したさまざまな情報が提供されています。特に最近ではインターネットの普及によって、民間会社がアイデアあふれるさまざまな天気予報を発表しています。ゴルフ場やキャンプ場といったレジャー施設周辺の天気や、釣り人用に海上の波風の予報などは、休日の計画を立てるために非常に役立つ情報として多くの人に利用されています。

第2章 **天気予報と天気図** 編

アイデアあふれるさまざまな天気予報

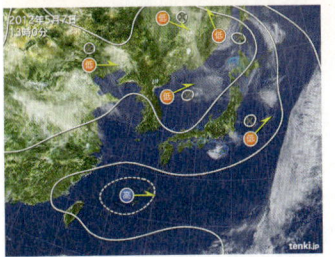

(画像：各社ホームページより)

日本気象協会が提供するカラフルでわかりやすい天気予報

Yahoo! JAPANが提供する限定された地域の細かい天気予報

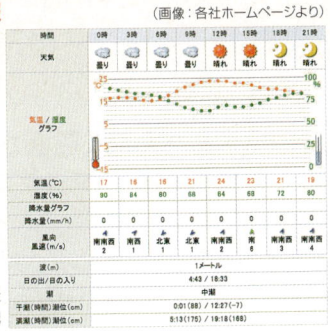

民間気象情報会社としては世界最大であるウェザーニューズが提供するさまざまなコンテンツ。季節に合わせた情報を提供しており、年間を通じて利用者が多い

農機具製造会社であるヤンマーは、天気予報を広く伝えることを使命として民間テレビ放送局で50年以上にわたって情報提供を続けている。現在では、インターネットでもウェザーニューズから提供を受けて細かな情報を提供している

P199にもたくさんの会社を紹介していますよ！

海上の情報に特化した気象情報を提供しているサーフレジェンド。有料情報ではあるが、サーファーなどの個人利用ばかりでなく、漁業者も多く利用している。スマートフォンでも利用できる

22 アメダスってなんですか?

全国にまんべんなく設置された無人気象観測所がアメダスです

　日ごろ、テレビなどで天気予報を見ているときに、**アメダス**が観測した降水量のグラフも見ることがあると思います。これは全国に配置されたアメダスが観測した降水量を示したものです。

　アメダスとは、気象庁が設置した無人気象観測所で、Automated Meteorological Data Acquisition System（自動気象データ収集システム）と表記する英文の頭文字からアメダス、より正確には**地域気象観測システム**と呼びます。全国に約1300カ所あり、降水量を観測していますが、そのうちの約850カ所では降水量ばかりでなく、風向きや風速、気温や日照時間も観測しており、雪の多い地方では積雪量も観測します。

全国に広く張り巡らされたアメダスの例
①風向・風速計
②日照計
③温度計
④降雨計
⑤データ処理部
このほか、積雪の多い地方では、降雪計も設置されている

これがアメダスの観測機器です

（写真：気象庁）

従来、これらの観測は各地の気象台で行われてきました。天気予報を行うには、このような地上で気象を観測したデータがもっとも重要な基礎データになりますが、予報をより正確なものにするためには、観測地点を増やす必要があります。そこでできたのがアメダスです。アメダスによって全国を約20km^{2}のグリッドに分けて観測できるようになり、天気予報の精度を大きく向上させることができました。

アメダスの観測結果は専用の通信網によって気象庁に即座に集められ、観測結果として発表されるほか、気象庁の誇るスーパーコンピューターに入力され、天気予報の基礎データとして活用されます。

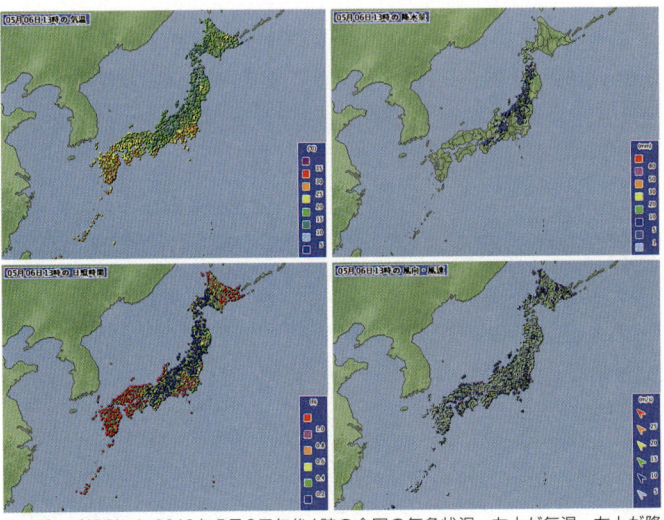

アメダスが観測した2012年5月6日午後1時の全国の気象状況。左上が気温、右上が降水量、左下が日照時間、右下が風向き・風速である。この日は日本の上空に冷たい空気が流れ込んだため、午後から全国的に強い雨が降ったが、ちょうどこのとき、竜巻注意報が発令されていた関東地方では、茨城県と栃木県でこれまで観測されたことのないほど強い竜巻が発生し、死亡者もでるなど多くの人が被災し、2000戸以上の家屋が全壊や半壊するなど甚大な被害がもたらされた。最新の観測機器や観測網をもってしても、竜巻のようなきわめて局地的な気象現象を予報することは難しいのが現状だ (画像：気象庁)

23 高層の気象はどうやって調べるんですか？

小型の気球に取りつけた観測機器が中層から高層の大気を観測しています

気象の変化を予想するには地上のデータだけでなく、対流圏の中層や高層の大気の状態を観測する必要があります。天気予報を行うには、アメダスが収拾した地上の観測データだけでは不十分なのです。そこで、以前から使われているのが**ラジオゾンデ**と呼ばれる観測機器です。

ラジオゾンデは水素やヘリウムの気球に、気圧・気温・湿度を観測する機器を取りつけたもので、約30kmの高さまで分速300m程度の速度で上昇し、中層から高層の大気の状態を観測します。ラジオゾンデのなかには風速と風向きを観測できるものもあり、**レーウィンゾンデ**と呼ばれています。

ラジオゾンデが観測結果を発信する電波を解析することによっ

空に放たれるラジオゾンデ。多くの観測所では左のように観測官が手で放つが、上のように放球装置を備えたところもある。ラジオゾンデは対流圏の上の成層圏まで上昇し大気の様子を観測している。気球と観測機器の間にあるのがパラシュート

て、ラジオゾンデの位置を知ることができますが、最近ではより簡単に位置を測定できるため、GPS機能を備えたラジオゾンデも使用されるようになりました。

　ラジオゾンデは、全国の気象台や測候所など16カ所から毎日2回飛ばされていますが、ラジオゾンデによる観測は日本だけではなく、世界中の約1000カ所で行われています。そして集められた気象情報はさまざまな国で共有され、それぞれの国の天気予報に活用されています。

　限界高度まで上昇したラジオゾンデは、破裂すると同時にパラシュートを開き地上へ落下します。日本では、偏西風に流されて海上へ落下することが多いため使い捨てにされますが、再利用されることもあります。

ラジオゾンデによる高層気象観測網

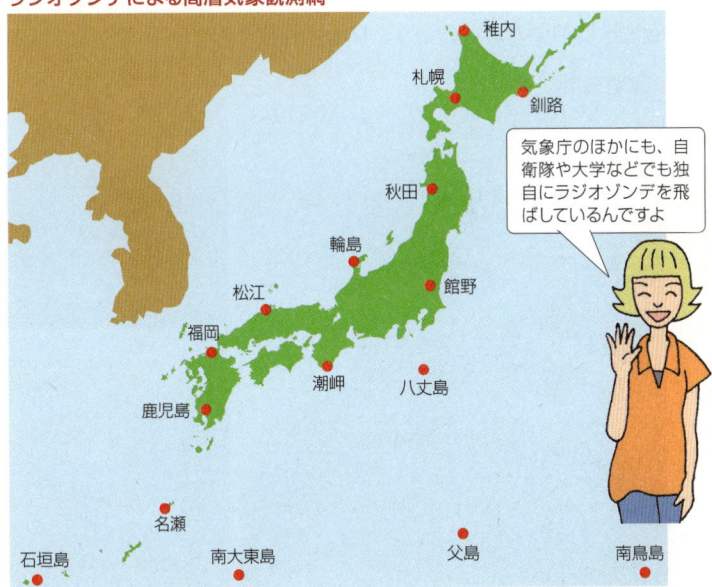

気象庁のほかにも、自衛隊や大学などでも独自にラジオゾンデを飛ばしているんですよ

24 レーダーなども使っていますか?

高層の風速や風向を調べるためにレーダーによる観測が行われています

　気象観測は、アメダスとラジオゾンデ以外でも行われています。気象台や測候所を中心にして、全国20ヵ所に設置されているのが**気象観測用レーダー**で、15kmの高度まで観測することができます。レーダーによる気象観測では、おもに降水についての観測を行っていますが、17ヵ所のレーダーは風についても同時に観測できるようになっています。

　電波を雨雲に向けて発射し、雲中の雨などによって反射された電波を受信することにより、降水の位置や雨量を観測する仕組み

気象観測用レーダー

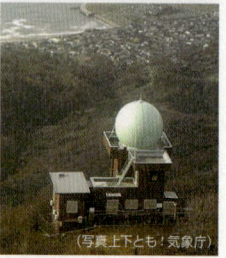

(写真：Kansai explorer)　(写真上下とも：気象庁)

上は大阪府八尾市にある高安山レーダー。右上は沖縄県石垣島のレーダー、右下は新潟県新潟市の弥彦山上にある新潟レーダー。多くのレーダーは東京の気象庁から遠隔操作されている

です。全国のレーダー網の観測結果を組み合わせると、日本周辺を1km四方に区切ったグリッドごとに降水の様子を観測することができます。

　これもレーダー観測の一種ですが、約5000mの高さまでの風について、その風速や風向きを観測するのが**ウィンドプロファイラ**と呼ばれるものです。これは野球などでおなじみのスピードガンと同じ原理によるもので、5つの異なる方向に向けて電波を発射し、それが大気の流れによって流される雨粒などに反射して戻ってくる電波を観測することにより、300mの高度ごとの風の様子を観測することができ、全国に33カ所設置されています。

　ラジオゾンデに加えて、2つのレーダー観測によって上空の大気の様子がより広い範囲できめ細かに観測されることにより、天気予報の精度は以前よりも格段に向上しています。

　このほか、気象庁には2隻の気象観測船があり、太平洋上で広く観測を行っていますが、現在、海洋観測は観測衛星による宇宙からの観測に取って代わられようとしています。

ウィンドプロファイラの仕組み

上空の風向き、風速
大気の流れ
散乱して戻ってくる電波
5方向へ発射された電波
ウィンドプロファイラレーダー

このウィンドプロファイラで上空の風を細かく観測しているんですね

25 宇宙から天気を見てると聞きましたが？

気象観測衛星「ひまわり」が高度3万6000kmから24時間監視しています

　日本では30年以上前から、気象観測衛星による宇宙からの気象観測を行ってきました。その衛星は「ひまわり」と呼ばれ、現在は6号と7号が同時に使用されています。6号は赤道上空の東経140度、7号は東経145度の高度約3万6000kmの静止衛星軌道上から24時間、観測を行っています。

　静止衛星軌道にいる衛星は、その速度が地球の自転速度と見合っているため、赤道上空で静止しているのと同じことなので、衛星から見える地球は常に同じです。そのため、気象観測にはうってつけの場所にいるといえます。特に、日本の東に広がる太平洋上の気象状況を知ることは、台風についての情報を収集するために非常に重要で不可欠なことです。

　「ひまわり」は、眼下の地球につ

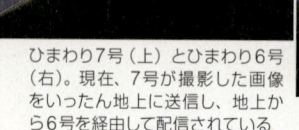

ひまわり7号（上）とひまわり6号（右）。現在、7号が撮影した画像をいったん地上に送信し、地上から6号を経由して配信されている

（イラスト：気象衛星センター）

いて全球撮影と北半球だけの半球撮影を繰り返し行っています。「ひまわり」が撮影するのは可視光線による画像と赤外線を観測した画像、それと水蒸気を観測した画像です。可視光線による画像は上空から見える風景そのものですが、夜になると観測できなくなるという弱点があります。

　一方、赤外線による画像は24時間観測が可能です。赤外線による観測画像では、気温が低いほど白く写ります。そのため、高く発達した積乱雲などの雲頂が白くはっきりと観測できるなど、雲の成長ぐあいを正確に観測ができるため、非常に有効な観測画像を得ることができます。水蒸気観測画像も赤外線による観測の一種ですが、水蒸気によってよく吸収される波長を観測することにより、水蒸気の分布がわかります。

　雲の発達の様子や水蒸気量の変化を知ることは、天気予報をより正確なものにするために欠かすことのできない大切な情報なのです。

ひまわり7号がとらえた全球の赤外線画像。このほかに可視光線画像と水蒸気をとらえた画像の3種類の画像を撮影している

> ひまわり6号と7号は気象観測ばかりでなく、航空管制などにも使用されるため、運輸多目的衛星と呼ばれているんですよ

26 国際観測網ってなんですか？

さまざまな国の観測衛星を連携させて地球全体の気象データを共有しようとするものです

　気象観測衛星「ひまわり」は日本が打ち上げた衛星ですが、気象観測衛星を打ち上げているのは日本だけではありません。日本以外では、アメリカ（2機）・欧州・ロシア・中国が静止衛星軌道に気象観測衛星を打ち上げており、それらが国連の専門機関である**世界気象機関**（WMO）によってつくられた世界気象監視計画によって連携し、情報を共有する国際的なシステムがあります。

　赤道上空の経度0度のグリニッジ子午線上には欧州の観測衛星が、東経76度にはロシアの観測衛星が、東経105度には中国の観測衛星があり、東経140度と145度には日本の「ひまわり」があ

世界気象衛星観測網

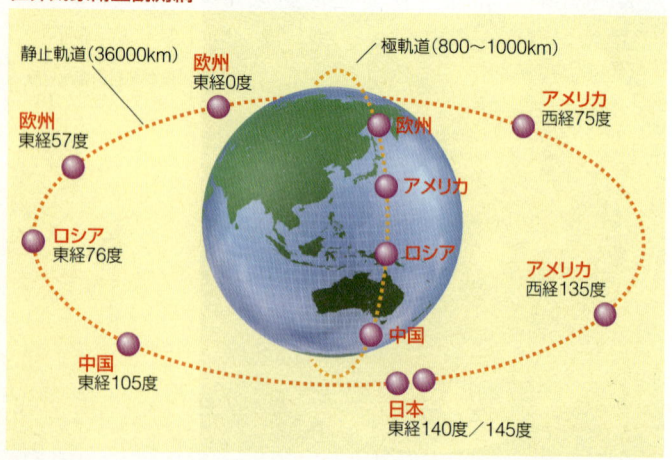

静止軌道（36000km）
極軌道（800〜1000km）

欧州 東経0度
欧州 東経57度
ロシア 東経76度
中国 東経105度
日本 東経140度／145度
アメリカ 西経135度
アメリカ 西経75度
欧州
アメリカ
ロシア
中国

ります。大西洋側では、西経75度と135度にアメリカの観測衛星があり、これによって地球は、極地方を除くその全域が観測衛星の眼下にあることになります。

また、気象観測衛星には静止軌道上を周回するもののほかに、極軌道を周回しているものもあります。

極軌道とは、静止軌道と直交するように、北極と南極の上空を通る南北に周回する軌道です。軌道の高度は約1000kmまでなので、1周に要する時間は数時間のものです。極軌道にある観測衛星の眼下では地球が自転しているため、地球の全域を観測することができます。特に、静止軌道上からは観測しづらい高緯度地方が観測できるため、静止軌道上の観測衛星からもたらされる情報を補完する貴重なデータが得られます。

極軌道を周回する観測衛星を打ち上げているのは、アメリカと中国、欧州とロシアで、日本は独自の観測衛星をもっていませんが、アメリカの衛星からデータを受信し利用しています。

世界気象監視計画への気象庁の取り組み

ネットワーク	取り組み
全球監視システム（GOS） 各国の地上気象、高層気象観測所、船舶、ブイ、航空機、気象衛星などで構成される地球規模の観測ネットワーク	世界気象衛星観測網の構築に積極的に参加し、収集データを各国に広く提供する
全球データ処理・予報システム（GDPFS） 観測データの高度な処理にもとづく気象の解析・予報資料の作成や提供を行うネットワーク	東アジアを対象とした「地域特別気象センター」として気象解析や予報資料の作成・提供を行っている。特に「太平洋台風センター」では積極的に情報提供を行っている
全球通信システム（GTS） 各国の気象機関により運営される気象観測データや気象解析・予報資料などの国際的な交換を行う全世界的な気象通信ネットワーク	「地区センター」の1つとしてアジア諸国や環太平洋地域内の気象データの国際交換に重要な役割を果たす

気象庁はさまざまな国際協力を積極的に行っているんです

27 数値予報ってなんですか？

観測したデータをスーパーコンピューターで処理したものを数値予報といいます

　これまで見てきたように、さまざまな観測によって得られたデータですが、そのままでは天気予報に使うことはできません。集められたデータは、気象庁にあるスーパーコンピューターに入力されます。それによってコンピューターは、地球の全球にわたる大気の様子を再現し、今後の動きをシミュレーションするのです。それが**数値予報**と呼ばれるものです。

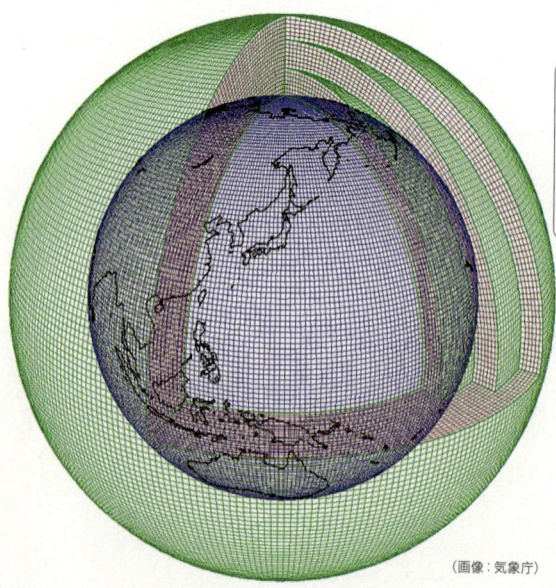

> スーパーコンピューターがこの1つひとつのメッシュの大気の動きを計算しているので、正確な天気予報が可能になるんです

（画像：気象庁）

2012年6月に導入されたスーパーコンピューターは、1秒間に847兆回の計算をこなすことができるもので、上空に向かっては、大気を60の層に、水平方向へは20km平方に区切り、その1つひとつのグリッドで大気がどのように運動しているかを明らかにします。それを**客観解析**といいますが、もちろん、膨大な数のグリッドすべてについて観測することは困難なので、コンピューターは周辺の観測結果から適切なデータを予測するようにプログラムされています。このグリッドが小さければ小さいほど予報の精度は上がりますが、コンピューターの計算速度との関連から、現在のグリッドが採用されています。

　客観解析からは現在の天気図が作成されますが、客観解析が行われたデータにさまざまな過去のデータや地形、温度や気圧、風に関する法則などを加味して、再度計算することによって天気予報はできあがります。大気の運動は非常に複雑で、高度で膨大な計算を繰り返していきます。ということは、最初に与えられたデータがわずかに違うだけでも、導きだされる結論は大きく異なってきます。そのために天気予報が外れてしまうことも起こってきますが、観測態勢の充実や観測機器の精密化、豊富な観測データの獲得などによって、天気予報の精度は以前よりも格段にすぐれたものになっています。

数値予報を利用した天気予報の流れ

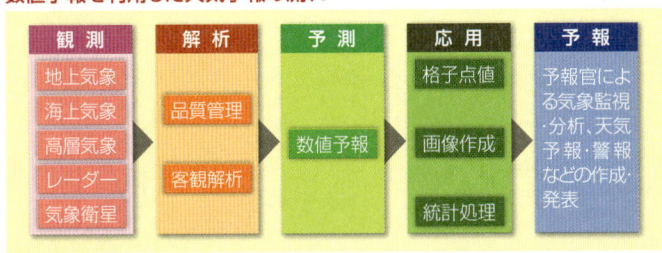

観測	解析	予測	応用	予報
地上気象 海上気象 高層気象 レーダー 気象衛星	品質管理 客観解析	数値予報	格子点値 画像作成 統計処理	予報官による気象監視・分析、天気予報・警報などの作成・発表

28 降水確率ってなんですか？

ある地域である時間に雨や雪の降る確率を10％刻みで表した目安が降水確率です

　天気予報のなかで、私たちの日常生活にとってとても大切な情報が降水確率ではないでしょうか。はたして、きょうはこれから雨が降るのか降らないのか、外出する際には気になることです。

　そこで参考にするのが降水確率ですが、降水確率とは、特定の地域について特定の時間に1mm以上の雨が降る確率をいうものです。微妙なときには、天気予報でも「折りたたみの傘を持ってでたほうがよい」というようなことをいいますが、前項で解説した数値予報から導きだされます。

　気象庁が発表するものは6時間ごとの確率で、0％から100％まで10％刻みで表示されますが、現在の予報技術では、特定地域のどこでどのくらいの雨が降るかを、細かく正確に予測することはできません。そのため、予報にだまされたと思うようなこと

気象庁が発表する降水確率の例

東部		地域時系列予報へ	降水確率	
今日8日	南の風　晴れ　夕方　か ら　くもり 波　1メートル		00-06 06-12 12-18 18-24	--% --% 10% 20%
明日9日	北の風　後　南の風　く もり　夕方　から　雨 所により　雷　を伴う 波　1メートル		00-06 06-12 12-18 18-24	20% 20% 50% 50%
明後日10日	北の風　後　やや強く くもり　一時　雨 波　1メートル　後 1.5メートル		週間天気予報へ	

気象庁のホームページには都道府県ごとに細かく降水確率が発表されているので、ぜひ活用してくださいね

が起こるかもしれませんが、それは決して予報が外れたことを意味しているものではありません。

また、降水確率では、予想される雨の降り方がわかりません。1mm以上の雨がどの程度の雨量なのかが判然としません。6時間かけて1mmであれば傘は不要かもしれませんが、短時間にまとめて降れば傘が必要です。降水確率の高低は降水量の多少とは無関係なのです。降水確率10％の雨のほうが、100％の雨よりも短時間であるが強く降るということがありえるのです。しかし実際には、降水確率が高いほど雨量が増えやすいというのは、多くの人の生活実感であろうと思います。

なお、誤解が生じやすい点ですが、たとえば降水確率が50％といったとき、それは対象地域の半分で雨が降るとか、対象時間の半分だけ雨が降るというものではありません。降水確率とは、あくまで対象地域で予報時間内に雨が降る場合と降らない場合を考え、1mm以上の降水がある確率をいっているものなのです。

（どちらもYahoo! JAPANの天気情報より）

気象庁が発表した降水確率をもとにして、民間の気象予報会社が、生活に密着したさまざまなアイデアを凝らした天気予報を行っている。上はその日の陽気が洗濯に向いているかどうかをシャツの枚数で指数化したもの。右は紫外線の量をアイコンの数で表しているもので、日焼けを気にする人たちに向けた予報になっている

29 天気図ってなんですか?

大気の状態を表したもので、実況や将来予測などさまざまなものがあります

　私たちがテレビや新聞、あるいはインターネットでふだん目にする天気予報は、必要な内容がわかりやすく理解できるように、その天気予報を提供している会社がさまざまなアイデアを凝らしたものになっています。それらのなかで、日本周辺の地図の上にさまざまな線が引かれているものを見ることもあると思いますが、それが天気図です。もちろんそれは、私たちの生活に直結する情報ですから、地上の気象状況を示したもので、**地上天気図**と呼ばれます。

地上天気図とは

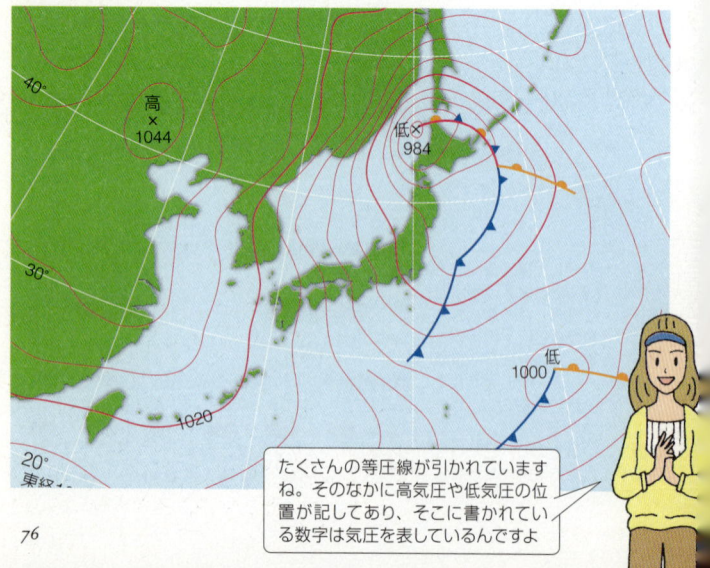

> たくさんの等圧線が引かれていますね。そのなかに高気圧や低気圧の位置が記してあり、そこに書かれている数字は気圧を表しているんですよ

夏になると太平洋高気圧の状況を知ることが重要なので、日本を少し北に置いた天気図となり、秋から春は大陸の気象状況を知ることが重要なので、日本を少し南にずらして大陸の様子をわかりやすくした天気図が使われます。

地上天気図にさまざまに引かれている曲線は**等圧線**(とうあつせん)と呼ばれるもので、気圧の等しいところを結んだ線です。たいがいの場合、等圧線は円弧状になっていて、その円弧の中心には「高」とか「低」と表示されています。「高」が高気圧を示し、「低」が低気圧を示すことはご存じでしょう。数字が表示されているときには、それは気圧を表しています。低気圧からは東西に前線が延びていることもよくあります。

気象情報会社による天気図の表現の違い

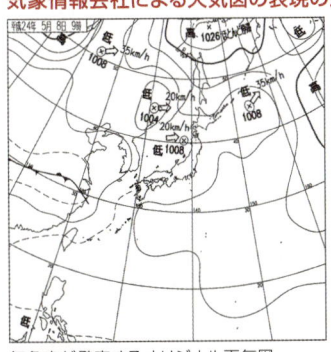

気象庁が発表するオリジナル天気図

Yahoo! JAPANの天気予報ページに表示された天気図

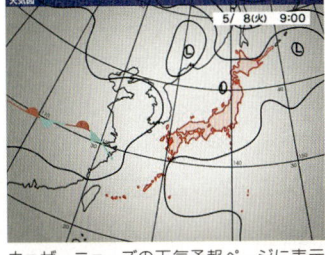

ウェザーニューズの天気予報ページに表示された天気図

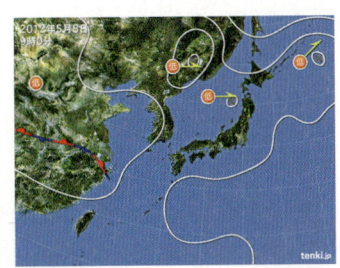

日本気象協会の天気予報ページに表示された天気図

等圧線が引かれて高気圧と低気圧の位置がわかると、気圧配置がわかります。現在の気圧配置を示したものが**実況天気図**で、等圧線や気圧配置の変化を予測し、今後天気がどのように変化していくのかを予測したものが**予想天気図**です。天気図には、世界気象機関が定めた表記法があり、それにそったものを国際式天気図といいますが、日本ではそれをより簡略化し、見やすくした日本式天気図が使用されています。

高層天気図の重要性は侮れない

　私たちはあまり目にすることはないかもしれませんが、気象庁では地上天気図のほかに**高層天気図**というものを発表しています。地上天気図が等圧線で気圧配置を表すのに対し、高層天気図に表される曲線は、**等高度線**です。

　ラジオゾンデなどによって高層の気圧などを観測していますが、その結果、同じ気圧がどのような高度で広がっているかがわかります。それを**等圧面**といいます。気象庁は、850hPa（ヘクトパスカル）、700hPa、500hPa、300hPaなどの等圧面の観測結果を1日2回高層天気図として発表しています。850hPaとはおおよそ高度1000〜2000mの自由大気層の最下層部で、300hPaとは対流圏界面付近を表しています。

　等圧面を等高度線で表した高層天気図は、登山などで利用する地形図によく似ています。地形図では等高線によって地形の変化が表され、急な斜面では等高線の間隔が狭くなっています。それと同様に、高層天気図では、等高度線が密になっているところは等圧面が崖のようになっており、風が強く吹いています。

　中緯度地方では一般的に、偏西風によって等高度線が東西方向に向かって描かれていますが、北の冷たく高度の低い大気が南に

向かって等高度線にくさびを打ち込むような形になると、そこに気圧の谷が生まれ、低気圧が発生します。逆に南の暖かく高度の高い大気が北に向かって入り込むようになるとそこに気圧の尾根が生まれ、高気圧が発生します。

　高層天気図に現れた変化はやがて地上の天気に反映されていくので、天気の変化を予想するためには、地上の天気だけではなく、高層の大気の状態を観測し、立体的に解析することが欠かせません。専門家、あるいは興味をもつ関係者以外には目にすることのない高層天気図ですが、私たちが利用している天気予報には欠かすことのできないものなのです。

高層天気図とは（300hPaの例）

これは300hPaの高層天気図ですから、約10000m上空の大気の様子を表しています。あまり目にすることはない高層天気図ですが、そこに引かれている実線は等高度線といいます。山登りのときに使う地形図と同じように見るとわかりやすいです。点線は等風速線で、数字は風速をノットで表示したものです。たくさんの矢羽根が書かれているけど、これが風向きと風力を表しています

30 天気記号ってなんですか?

観測地点の気象状況がひと目でわかるように、記号で表示するものが天気記号です

　天気図には等圧線や高気圧・低気圧の位置が表されていますが、それ以外にも、観測地点の気象状況がわかるように記号が表示されているものもあります。観測地点の天候や風力・風向き、気温や気圧がひと目でわかるように決められているのが天気記号です。

　天気記号にも天気図と同様に国際式と日本式がありますが、国際式天気記号は表す要素が多く、非常にきめ細かく決められているため、一般にはわかりづらい専門家向けのものになっています。そこで日本では、表す要素を天気と風力・風向き、気温、気圧にしぼり、できるだけわかりやすいものにしようとしています。

　天気記号は21種類を設定し、風力は0から12までの13段階になって発表されています。風力と風向きを表すには矢羽根を用いますが、矢羽根が向いている方向から風が吹いていることを表し

気象情報会社が工夫を凝らす独自の天気記号

（日本気象協会）　　　　　（ウェザーニューズ）

第2章 **天気予報と天気図** 編

ています。

しかし、それでも天気記号には一般の人には伝わりにくい記号が多く、また天気記号がそのまま表示された天気図は一般の人には見づらいものになりがちなため、現在では、天気予報を発表する会社がそれぞれ、晴れは太陽で表す、曇りは雲で表す、雨は傘で表すというような工夫を凝らしたさまざまな絵文字を多用し、天気予報を少しでもわかりやすいものにしようとしています。

台風が発生すると、その進路予想が表示されます。そこでは、12時間後の予報円などといった図を目にしますが、これも天気記号といえるかもしれません。

正式な天気記号（日本式）

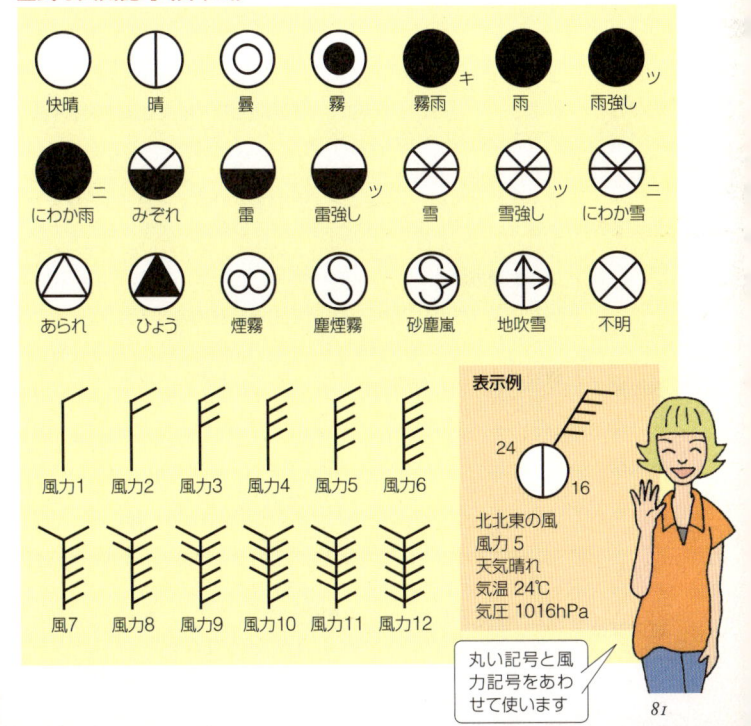

○	快晴
⦵	晴
◎	曇
●	霧
●キ	霧雨
●	雨
●	雨強し
●ニ	にわか雨
⦶	みぞれ
⊖	雷
⊖ッ	雷強し
⊗	雪
⊗ッ	雪強し
⊗ニ	にわか雪
△	あられ
▲	ひょう
∞	煙霧
Ⓢ	塵煙霧
ⓢ	砂塵嵐
⊕↑	地吹雪
⊗	不明

風力1〜風力12

表示例

北北東の風
風力5
天気晴れ
気温 24℃
気圧 1016hPa

丸い記号と風力記号をあわせて使います

31 注意報と警報の違いはなんですか?

気象の変化で災害が予想されるとき気象庁が発令するのが注意報や警報です

　気象現象の変化が私たちの生活に大きな影響を与えることが予想されるときに、気象庁は気象に関する注意報や警報を発令することができます。注意報や警報は、情報の混乱を避けるために、気象業務法にもとづいて気象庁にだけそれを発表する権限が与えられています。

警報

大雨警報	大雨による重大な災害が発生するおそれがあると予想したときに発表される。対象となる重大な災害として、重大な浸水災害や重大な土砂災害などがあげられる
洪水警報	大雨、長雨、融雪などにより河川が増水し、重大な災害が発生するおそれがあると予想したときに発表される。対象となる重大な災害として、河川の増水や氾濫、堤防の損傷や決壊による重大な災害があげられる。なお、河川を特定する場合は、指定河川洪水警報を発表する
大雪警報	大雪により重大な災害が発生するおそれがあると予想したときに発表される
暴風警報	暴風により重大な災害が発生するおそれがあると予想したときに発表される
暴風雪警報	雪をともなう暴風により重大な災害が発生するおそれがあると予想したときに発表される。「暴風による重大な災害」に加えて「雪をともなうことによる視程障害(見通しがきかなくなること)などによる重大な災害」のおそれについても警戒を呼びかける
波浪警報	高い波により重大な災害が発生するおそれがあると予想したときに発表される
高潮警報	台風や低気圧などによる異常な海面の上昇により重大な災害が発生するおそれがあると予想したときに発表される

注意報は、それによって災害の発生が予想される場合に発令され、警報は、発生が予想される災害が重大なものであろうときに発令されます。

　気象に関する注意報には16種類があり、警報は7種類ありますが、同じ注意報や警報であっても、それを発令する地域によってその内容は異なります。たとえば、新潟県の山沿いで発令される大雪注意報は積雪量が12時間で30cmを超えることが予想されるときに発令されますが、東京でそれが発令されるときの予報積雪量は24時間で5cmです。警報に至っては、新潟の山沿いでは12時間で55cm、東京では24時間で20cmの積雪予報で発令され

注意報

大雨 注意報	大雨による災害が発生するおそれがあると予想したときに発表される。対象となる災害として、浸水災害や土砂災害などがあげられる
洪水 注意報	大雨、長雨、融雪などにより河川が増水し、災害が発生するおそれがあると予想したときに発表される。対象となる災害として、河川の増水や氾濫、堤防の損傷や決壊による災害があげられる。なお、河川を特定する場合は、指定河川洪水注意報を発表する
大雪 注意報	大雪により災害が発生するおそれがあると予想したときに発表される
強風 注意報	強風により災害が発生するおそれがあると予想したときに発表される
風雪 注意報	雪をともなう強風により災害が発生するおそれがあると予想したときに発表される。「強風による災害」に加えて「雪をともなうことによる視程障害（見通しがきかなくなること）などによる災害」のおそれについても注意を呼びかける
波浪 注意報	高い波により災害が発生するおそれがあると予想したときに発表される
高潮 注意報	台風や低気圧などによる異常な海面の上昇により災害が発生するおそれがあると予想したときに発表される
濃霧 注意報	濃い霧により災害が発生するおそれがあると予想したときに発表される。対象となる災害として、交通機関の著しい障害などの災害があげられる

ます。東京では5cmの積雪でも路面が凍結して歩行者が転倒するといったことが予想され、20cmも積もれば鉄道などの公共交通機関が正常に運行できなくなるといったことが考慮されているためです。

また、以前は注意報や警報が発令される範囲が広すぎて自分の住むところがはたして影響を受けるのかどうかの判断が難しかったのですが、2010年からは対象範囲を細分化し、市区町村を単位として発令するようになっています。

なお、気象庁の業務は「気象」を対象としたものばかりではなく、「地象」と「水象」もその業務としているため、16種類の注意報と7種類の警報以外にも、たとえば津波注意報といったように、たくさんの注意報や警報を発令しています。

注意報（続き）

雷注意報	落雷により災害が発生するおそれがあると予想したときに発表される。また、発達した雷雲の下で発生することの多い突風や「ひょう」による災害についての注意喚起を付加することもある。急な強い雨への注意についても雷注意報で呼びかける
乾燥注意報	空気の乾燥により火災の危険が大きい気象条件を予想したときに発表される
なだれ注意報	「なだれ」により災害が発生するおそれがあると予想したときに発表される
着氷注意報	通信線や送電線、船体などへの著しい着氷により災害が発生するおそれがあると予想したときに発表される
着雪注意報	通信線や送電線、船体などへの著しい着雪により災害が発生するおそれがあると予想したときに発表される
融雪注意報	融雪により洪水、浸水、土砂災害などの災害が発生するおそれがあると予想したときに発表される
霜注意報	早霜や晩霜により農作物への被害が起こるおそれがあると予想したときに発表される
低温注意報	低温のために農作物などに著しい被害が発生したり、冬季の水道管凍結や破裂による著しい被害の起こるおそれがあると予想したときに発表される

日本の気候 編

春夏秋冬、四季のある日本は
季節ごとに美しい表情を見せてくれます。
しかし、梅雨や台風、大雪など、
厳しい天候も容赦なく襲ってきます。
日本の気候の特性とは、いったい
どのようなものなのでしょうか？

3

32 移動性高気圧ってなんですか？

春と秋に中国大陸南部からやってくる、おだやかな気候をもたらす高気圧です

　日本の気候をつくりだすものに5つの気団があります。ユーラシア大陸にあるものがシベリア気団と揚子江（長江）気団、北太平洋にあるのがオホーツク海気団、南にあるのが小笠原気団と赤道気団です。

　日本の冬の特徴的な気圧配置である西高東低をもたらすのは、北極地方の寒気に冷やされて乾燥したシベリア気団でしたが、3月に入ると地球の自転の影響で北極地方の日射量が増えるため、気温が上昇し、シベリア気団の寒気も収まってきます。すると代わって登場するのが移動性高気圧です。

日本の気候を動かす5つの気団

シベリア気団
寒冷で乾燥している。冬に大きく張りだし、停滞する

オホーツク海気団
低温で湿度が高い。梅雨期や秋雨期に勢力を強める

揚子江気団
温暖で乾燥している。春や秋に移動性高気圧となる

小笠原気団
高温で湿度が高い。夏に大きく張りだし、停滞する

赤道気団
高温で湿度が高い。台風の原因となる

日本は北の冷たい空気と南の暖かい空気がぶつかり合うところなのがよくわかりますね

移動性高気圧は、おもに中国大陸にある揚子江気団がもたらす高気圧です。これには上空の偏西風の状態が大きく関わっており、偏西風が収束して下降気流が発生したところにできます。そのため、偏西風とともに西から東へ移動してくるので、移動性高気圧と呼ばれます。

　移動性高気圧は、中国大陸南部の暖かく乾燥した大気でできているのでさわやかな気候をもたらしますが、低気圧と交互に並んでいることが多いので、晴れの天気は長続きしません。そのため、昔から春先の気候は「**春に３日の晴れなし**」と表現されてきました。また、春先の移動性高気圧のなかには、シベリアからの寒気に冷やされたものも発生することがあります。そのようなときには「**寒の戻り**」と呼ばれる気候になり、冬の寒さがぶり返すことになります。

　移動性高気圧は、北の寒気と南の暖気が入れ替わる季節に発生するものなので、春ばかりでなく、秋にもやってきます。

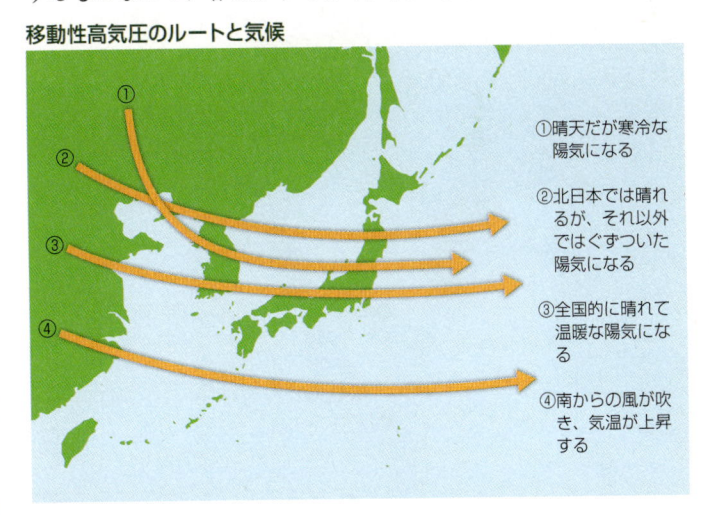

移動性高気圧のルートと気候

①晴天だが寒冷な陽気になる

②北日本では晴れるが、それ以外ではぐずついた陽気になる

③全国的に晴れて温暖な陽気になる

④南からの風が吹き、気温が上昇する

33 春一番ってなんですか？

春のお彼岸までに吹く、
春の訪れを告げる強い南風のことです

　冬型の気圧配置が弱くなり、春の陽気が感じられるころになると、低気圧が日本の南海上を西から東へ通過して、太平洋岸に雨や雪をもたらすようなります。そのなかには、中国大陸の北方で発生し、東シナ海から朝鮮半島の上を通過し、日本海へと進むものもあります。この場合の低気圧は、冷たく乾燥した冬の季節風が日本海で水蒸気をたっぷり吸収して日本海側に雪を降らせるのと同様に、日本海上で発達し、前線をともなうようになります。

　その日本海上にある低気圧に向かって南から風が吹き込みます

春一番が吹いた日の天気図

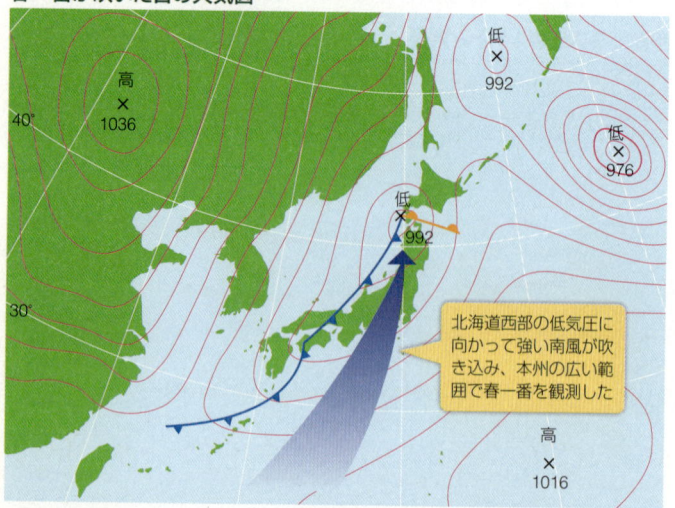

北海道西部の低気圧に向かって強い南風が吹き込み、本州の広い範囲で春一番を観測した

が、その風がある基準を超えた最初のものを春一番（はるいちばん）と呼びます。

　春一番が観測される関東地方から九州地方では要件が微妙に異なりますが、関東地方では、立春から春分の日までに風速が秒速8m以上になったものを指します。いくら強い南風でも立春前や春分後のものは春一番とは呼ばれないので、春一番が観測されない年もあります。

　春一番という言葉のニュアンスから、それは春の訪れを告げるさわやかで暖かな風というイメージを抱きがちですが、実際はまったく逆で、春一番の語源は、おもに西日本の沿岸漁業者がその風を恐れるためにつけた呼び名です。

　発達した低気圧に南から吹き込む風は、低気圧から延びる前線をさらに発達させ、寒冷前線の下では強い雨や雷も発生します。また、寒冷前線の通過後には、風向きが南の風から北からのものに変化し、気温も急激に低下し、西高東低の冬型の気圧配置になります。

　2012年には、関東地方では12年ぶりに春分の日までに春一番は観測されませんでしたが、それを過ぎた3月下旬と4月上旬に日本海で発達する低気圧に秒速20mを超える南風が吹き込み、各地に被害をもたらしました。

春一番と呼ばれる風の条件

①立春から春分までの間（2月4日ごろから3月21日ごろ）に観測されること
②日本海に低気圧があること
③強い南寄りの風（風向は東南東から西南西まで、風速8m/s以上）が吹き
④気温が上昇すること

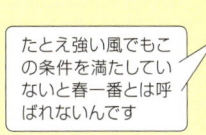

たとえ強い風でもこの条件を満たしていないと春一番とは呼ばれないんです

34 桜前線ってなんですか？

九州・四国から始まって徐々に北上していく桜の開花時期を予想するものです

　日本人がもっとも春の訪れを実感するのが、桜の開花でしょう。
　満開の桜の下で多くの人が、酒食をともにしながら花見に興ずることは、春を実感する行事として、長く愛されてきたことです。日本人が花見をする歴史は古く、平安時代には貴族が花見を楽しんだようですが、庶民が花見を楽しむようになったのは、16世紀以降のことのようです。当時日本を治めていたのは豊臣秀吉で

サクラの開花を予想する桜前線（2012年の場合）

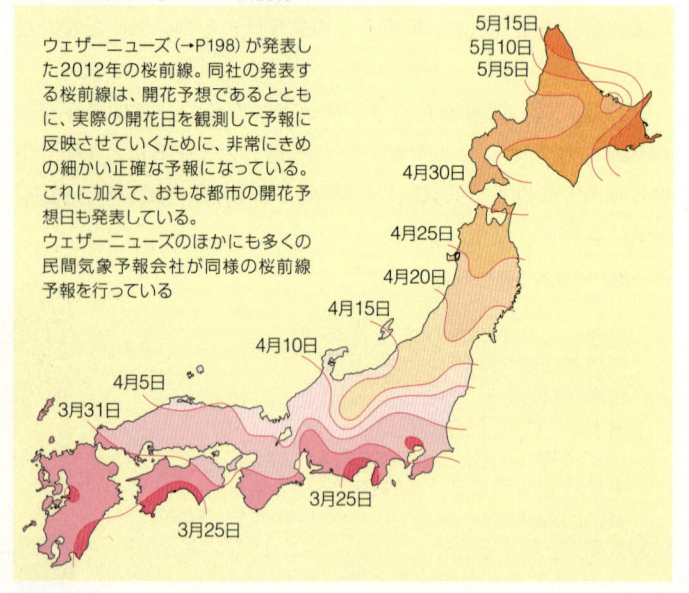

ウェザーニューズ（→P198）が発表した2012年の桜前線。同社の発表する桜前線は、開花予想であるとともに、実際の開花日を観測して予報に反映させていくために、非常にきめの細かい正確な予報になっている。これに加えて、おもな都市の開花予想日も発表している。
ウェザーニューズのほかにも多くの民間気象予報会社が同様の桜前線予報を行っている

5月15日
5月10日
5月5日
4月30日
4月25日
4月20日
4月15日
4月10日
4月5日
3月31日
3月25日
3月25日

すが、秀吉はその死の半年前に、京都の醍醐寺で大勢の家臣を引き連れて盛大な花見を催しました。このころから庶民も花見を楽しんでいたようです。

この国民的な行事を盛り上げるため、かつては気象庁が全国の桜の開花予報を行っていました。しかし最近では、民間の気象予報会社が独自の開花予報を発表するようになってきたため、気象庁は2010年以降、開花予報を発表することを中止しました。

桜と呼ぶ場合、それはソメイヨシノを指しますが、日本でもっとも早く桜が開花する沖縄の桜はソメイヨシノではなく、カンヒザクラ（寒緋桜）と呼ばれるものです。本州に広く分布するソメイヨシノが開花を始めるのは3月の下旬で、開花が予想される日を結んだ線を **桜前線** と呼びます。

それは、九州南部と四国南部から始まり、徐々に北上していきます。そして、5月には北海道のエゾヤマザクラが開花して桜前線は終了します。かつては、満開の桜とともに行われた入学式ですが、最近では温暖化の影響により、桜の開花時期が早まって、入学式のころにはすでに葉桜になってしまっているということも多くなっています。

> 雲1つない青空と桜の組み合わせは、日本の春を象徴するもっとも美しい風景ですね

Q35 フェーン現象ってなんですか？

強い風が太平洋側から日本海側へ吹き込むとき、山を越えた日本海側の気温を急上昇させる現象です

　湿った空気が山にぶつかり、それを越えるときに、雨を降らせることによって水蒸気を失った結果、山の反対側に乾燥して下降し、反対側の地点の気温を急激に上昇させることを**フェーン現象**と呼びます。フェーン現象は春だけに特徴的な気象現象ではありませんが、春によく発生しています。

　フェーンという外来語が示すように、日本にかぎらず、世界中で起きる気象現象ですが、特にヨーロッパアルプスの山中でよく観測・研究されています。日本も山が多い地形のため、よく発生します。フェーン現象を**風炎**（ふうえん）と漢字で表すこともあります。

フェーン現象の仕組み

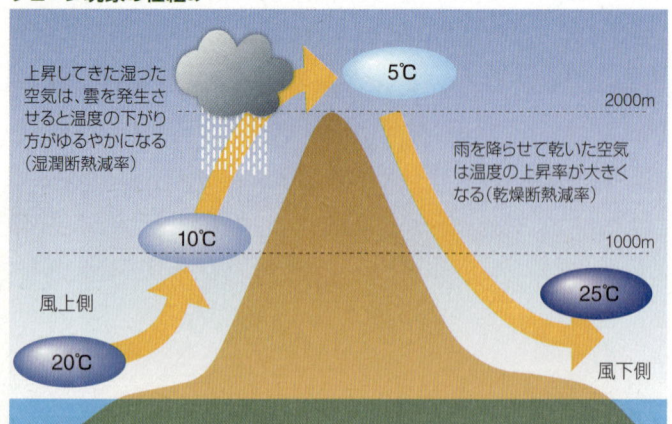

上昇してきた湿った空気は、雲を発生させると温度の下がり方がゆるやかになる（湿潤断熱減率）

5℃　2000m

雨を降らせて乾いた空気は温度の上昇率が大きくなる（乾燥断熱減率）

10℃

1000m

25℃

風上側　20℃

風下側

春一番でも見たように、日本海上で低気圧が発達したとき、その低気圧に向かって強い南風が吹き込みます。その風が、山を越えた日本海側の各地に乾燥した温風として吹き下ろすとき、各地で気温が上昇し、融雪やなだれの原因になるため、警戒が必要です。フェーン現象は例年、山陰や北陸、あるいは東北の日本海側で発生しています。また、各地の盆地でも発生しますが、1933年7月には山形県の山形盆地にある山形市でフェーン現象によって、40.8℃が観測されました。

　冬に、シベリアからの季節風が山に当たり、日本海側に雪を降らせ、太平洋側を乾燥させることもフェーン現象の一種ですが、この場合には、北からの季節風がもともと寒冷で、太平洋側の気温を上昇させることがないため、フェーン現象とは呼ばずに、**からっ風**と呼んでいます。「上州のからっ風」や「赤城おろし」と呼ばれるものがそれです。

> 春に日本海側でフェーン現象が起こると、雪解けが急速に進むので雪崩などが発生しやすくなりますが、そうやって流れる大量の雪解け水が日本海側をすぐれた米作地帯にしているんですね

36 花粉症が春に流行るのはなぜですか?

春先に飛散するスギの花粉による花粉症ですが、飛散量は前年の夏の気候に大きく関係しています

多くの人が鼻や口の中、あるいは目の粘膜に違和感を感じ、鼻水やくしゃみ、目のかゆみなどに悩まされる花粉症ですが、それは春にかぎったことではなく、1年を通じて見られるものです。もちろん、日本にかぎったものでもなく、世界中で見られるもので、古くからありました。しかし、花粉症のなかでもっとも患者数の多いのがスギ花粉によるもののため、春先に目立つようになります。日本では約2500万人がスギによる花粉症を患っているとされ、国民病とさえいわれています。

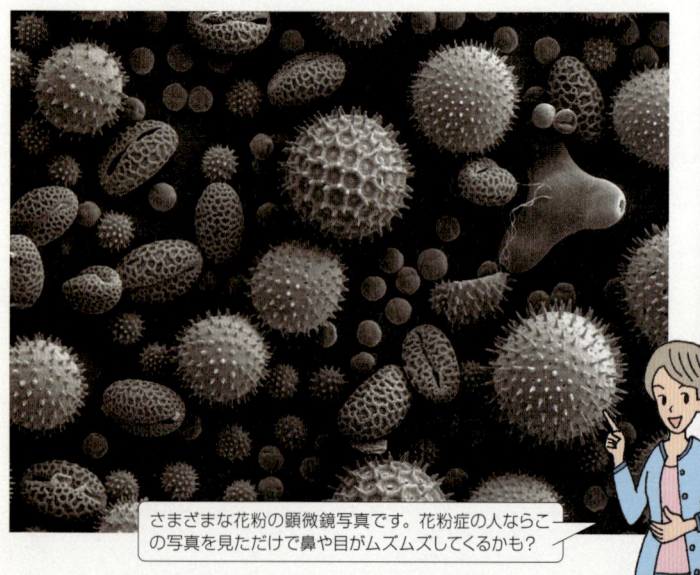

さまざまな花粉の顕微鏡写真です。花粉症の人ならこの写真を見ただけで鼻や目がムズムズしてくるかも?

なぜスギによる花粉症だけがこれほど目立つのかといえば、それは、1960年ごろから国が北海道と沖縄を除く全国の山地に、大規模な杉の植林を推奨してきたからです。林業を盛んにするために行った政策ですが、林業の衰退などにより、多くのスギが伐採されずに山地に残されています。そのため、さまざまな花粉があるなかでも突出した飛散量になってしまっています。

　スギは夏に雄花を生長させます。花粉とは、雄花が受粉のために飛散させるものなので、雄花の量が大きな意味をもっています。スギは2月に入るとその花粉を飛散させ始め、その後、気温の上昇とともに花粉の飛散量を増やしていき、5月の初旬ごろまで多くの人を苦しめますが、飛散する花粉の量は前年の夏の気温が大きな関係をもっているのです。

　夏の気温が高く日射量が多いと盛んに生長した雄花から大量の花粉が飛散し、低いと飛散量が少なくなります。また、大量に飛散した翌年は飛散量が減る傾向もあります。

花粉前線

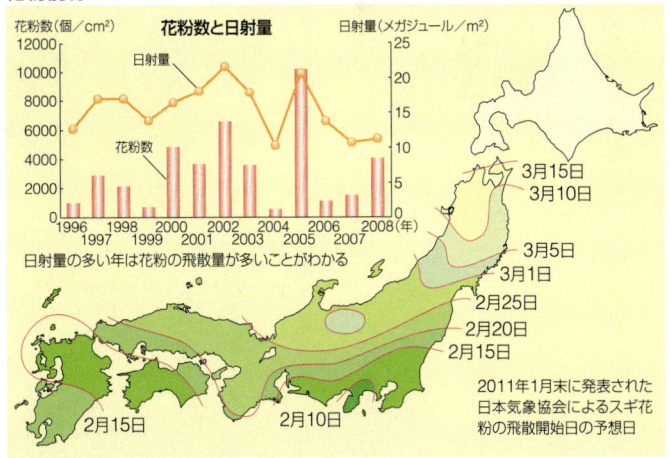

37 黄砂はどこから飛んでくるんですか？

中国大陸奥地の砂漠地帯から偏西風に巻き上げられてやってきます

　春になると、西からの強い風に乗って運ばれてくる黄砂ですが、それは文字どおり黄色い砂です。その発生メカニズムから、春に多いものの、黄砂は年間を通じて発生するものであることがわかります。

　黄砂は、中国大陸の奥地にあるタクラマカン砂漠、ゴビ砂漠、黄土高原がおもな発生場所です。そこは降水量が少なく乾燥した砂漠地帯なので、広く砂におおわれています。また、高度が高いので偏西風の影響も受けやすく、強い風が吹くと簡単に砂塵が舞

黄砂を発生させる中国奥地の砂漠地帯

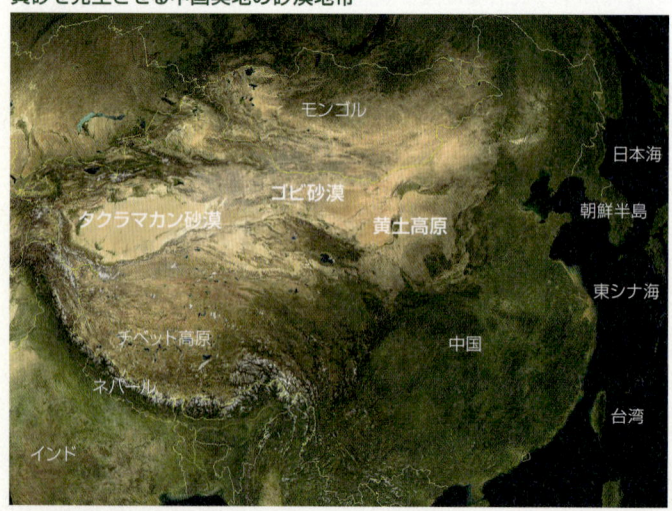

（写真：NASA）

第3章 **日本の気候** 編

います。そこに上昇気流が加わると、舞い上がった砂塵は上空へ昇ると同時に、偏西風に流されて東へ運ばれます。

　黄砂の影響をもっとも大きく受けているのは中国です。中国では大量の黄砂によって人間や家畜に健康被害を与えたり、交通機関に障害を与えるといったことも発生しています。朝鮮半島や日本列島では、その量によっては、洗濯物を汚すなど日常生活に影響を与えます。日本の場合には九州北部などを中心とした西日本で多く観測されます。

　舞い上がった黄砂は粒子の大きいものから順に地上へ落下しますが、日本にまで到達するほどの粒子は非常に細かなもののため、地上に落ちずにそのまま大気中を浮遊し続けるものもたくさんあり、それが雲をつくるもとになるエアロゾルにもなります。

　日常生活に困った影響を与える黄砂ですが、生物の成育に必要な栄養分を含んでいることも知られており、黄砂が舞い降りた農地では地味が豊かになったり、あるいは海洋での植物プランクトンの成育にひと役買っていることも事実です。

> 黄砂は偏西風に乗ってやってきます。空もこんなに霞んでしまうんですね

（写真：NASA）

38 五月晴れってなんですか？

移動性高気圧に広くおおわれることの多い
5月の晴天続きの陽気を五月晴れと呼びます

　移動性高気圧のところでも解説したように、北のシベリア寒気団の勢力が弱まると、中国大陸南部を発生源とする揚子江気団に乗って、移動性の高気圧が日本列島にやってくるようになり、日本列島は春らしい陽気に包まれるようになります。しかし、3月から4月ごろまでは、高気圧と低気圧が交互に現れて天候が変わりやすかったり、寒の戻りなどもあります。

　これが5月に入ると、シベリア寒気団が完全に後退するのにあわせて、揚子江気団からの移動性高気圧が安定して成長するようになります。この時期の高気圧は東西に長くなる傾向があり、ま

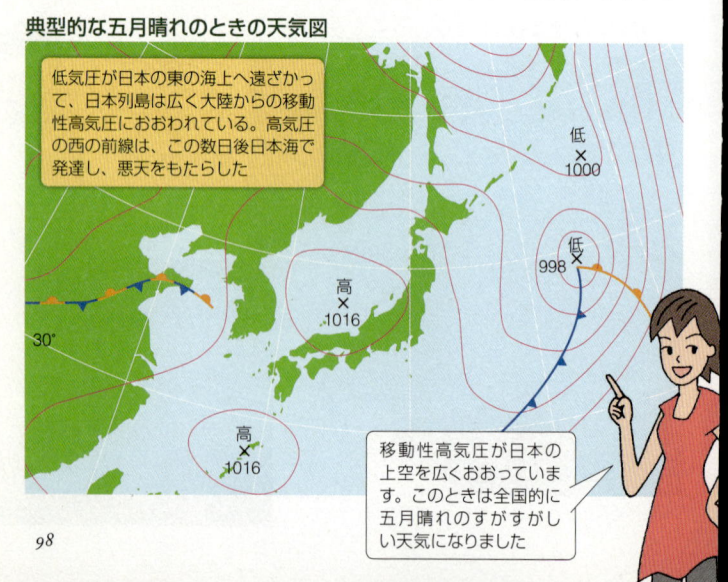

典型的な五月晴れのときの天気図

低気圧が日本の東の海上へ遠ざかって、日本列島は広く大陸からの移動性高気圧におおわれている。高気圧の西の前線は、この数日後日本海で発達し、悪天をもたらした

高 ×1016
低 ×1000
低 ×998
高 ×1016

移動性高気圧が日本の上空を広くおおっています。このときは全国的に五月晴れのすがすがしい天気になりました

た高気圧が連続して並んで日本列島を通過することも多くなります。この帯状の高気圧にブロックされるために、シベリア地方からの低気圧も南下することができないため、この時期の日本列島は、1年でもっとも陽気がおだやかなときで、晴天の日が長く続いたりします。これを**五月晴れ**(さつき)といいます。

しかし、晴天続きで雲の少ない天気のこの時期に注意しなければいけないのが放射冷却です。夜間、冷え込んだ地表に冷やされた空気は上昇していきますが、上空に雲がないため、その上昇をさえぎるものがなく地表は冷え続けます。地表の温度が2℃程度まで下がると霜が発生し、農作物に被害を与えることもあります。これが**遅霜**(おそじも)と呼ばれるものですが、気象庁は遅霜が予報されるときには、霜注意報を発令して注意喚起を行っています。

旧暦で表す5月は新暦の6月に相当するため、旧暦の時代には梅雨の晴れ間を指す言葉でしたが、現在では文字どおり5月の快適な陽気を指す言葉になっています。

この時期を象徴する風物詩がこいのぼり。かつては男の子供のいる家でよくあげられたが、最近では住宅事情などからあまりあげられなくなった。その代わりに河川敷などで大量のこいのぼりをあげるイベントが行われたりすることも多い

39 梅雨はどうして起こるんですか?

春から夏に変わろうとしているときに南北の性質の異なる気団の境に梅雨前線ができます

　春から夏に変わっていく日本の四季ですが、その間には第5の季節ともいうべき梅雨があります。梅雨の間は日本列島の南に東西に長く延びた前線が居座るため、曇りや雨のうっとうしい陽気が続きますが、その停滞前線を**梅雨前線**と呼びます。日本では2種類の梅雨前線を見ることができます。

　春も後半になると、インドやインドシナ半島などの南アジアでモンスーンと呼ばれる南西の季節風が吹きだします。すると、中国大陸南部で揚子江気団との間に停滞前線が発生し、偏西風に乗って東へ移動してきます。これが沖縄付近に現れるのが、日本で最初に確認される梅雨前線です。このようにしてつくられる梅雨

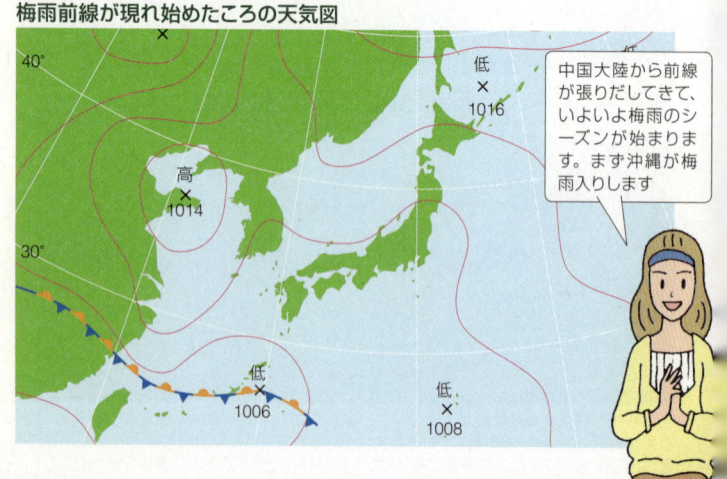

梅雨前線が現れ始めたころの天気図

> 中国大陸から前線が張りだしてきて、いよいよ梅雨のシーズンが始まります。まず沖縄が梅雨入りします

前線は、西日本と南日本で見られるものです。

　一方、その後さらに勢力を増したモンスーンは、それまでヒマラヤ山脈の南側を流れていた偏西風とジェット気流を北に押し戻します。すると、どちらもヒマラヤ山脈とチベット高原にぶつかり、南北に分かれて流れるようになります。南北に分断された偏西風とジェット気流は、北海道の北でふたたび合流しオホーツク海高気圧となりますが、この時期には小笠原気団による太平洋高気圧も勢力を増して北へ張りだしてきます。同じ高気圧であっても、南の暖かい高気圧と北の乾燥した高気圧では大気の性質が異なるため、オホーツク海高気圧と太平洋高気圧の間に前線が発生します。これが東日本と北日本で見られる梅雨前線です。

　実際に観測される梅雨前線は、西日本型のものが長く東日本まで延びているものや、東日本型のものが九州の先まで延びているもの、あるいは両者が合体したものなどさまざまなパターンがあります。

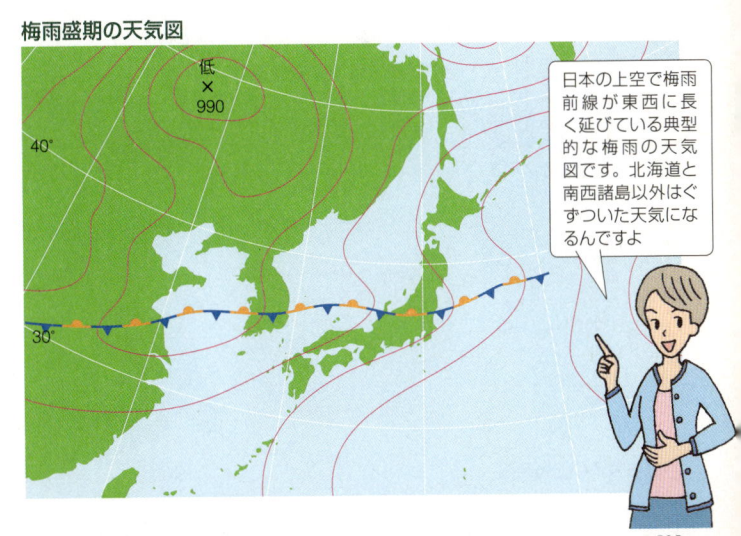

梅雨盛期の天気図

> 日本の上空で梅雨前線が東西に長く延びている典型的な梅雨の天気図です。北海道と南西諸島以外はぐずついた天気になるんですよ

40 「やませ」ってなんですか?

梅雨前線の北にあるオホーツク高気圧から東北地方の太平洋側に吹きつける東風です

　うっとうしい天気をもたらす梅雨ですが、梅雨前線の南に太平洋高気圧、北にオホーツク海高気圧があって、両者が押し合っているのが梅雨です。太平洋高気圧が強くなると、梅雨前線は北に押され、日本には南の暖かな空気が入り込み、好天になります。このような梅雨を**陽性の梅雨**といいます。

　一方、オホーツク海高気圧が強くなると北からの冷たい空気におおわれるため、気温が低下し、どんよりとした天気が続きます。このような梅雨を**陰性の梅雨**といい、「**梅雨寒**（つゆざむ）」となることがよくあります。この「梅雨寒」が、特に太平洋側を中心とした東日

やませが吹いた日の東北地方

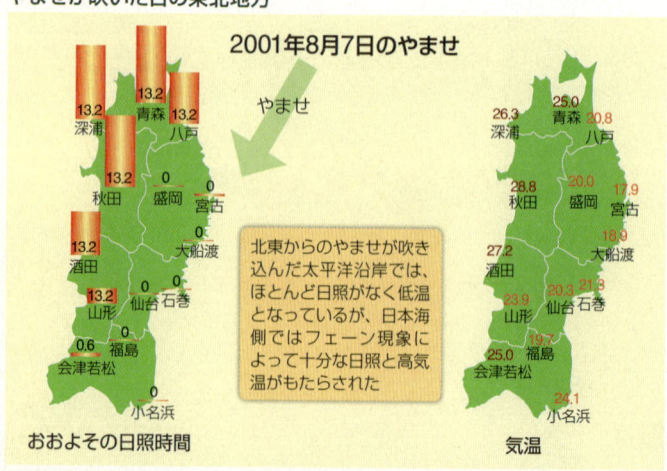

2001年8月7日のやませ

やませ

北東からのやませが吹き込んだ太平洋沿岸では、ほとんど日照がなく低温となっているが、日本海側ではフェーン現象によって十分な日照と高気温がもたらされた

おおよその日照時間
- 深浦 13.2
- 青森 13.2
- 八戸 13.2
- 秋田 13.2
- 盛岡 0
- 宮古 0
- 大船渡 0
- 酒田 13.2
- 山形 13.2
- 仙台石巻 0
- 会津若松 0.6
- 福島 0
- 小名浜 0

気温
- 深浦 26.3
- 青森 25.0
- 八戸 20.8
- 秋田 28.8
- 盛岡 20.0
- 宮古 17.9
- 酒田 27.2
- 大船渡 18.9
- 山形 23.9
- 仙台石巻 20.3 / 21.8
- 会津若松 25.0
- 福島 19.7
- 小名浜 24.1

本の農業に冷害などの大きな被害を与える**「やませ（山背）」**をもたらします。

　「やませ」とは梅雨前線の北側のオホーツク海高気圧から吹きつける冷たく湿った北東風ですが、東北地方の広い範囲で低温と日照不足になるため、昔から凶作や飢饉をもたらす風として恐れられていました。「やませ」が夏まで続くと、最高気温が20℃程度にまでしか上がらないこともあります。また、海上では霧が発生するため、漁業への影響も深刻です。

　しかし、同じ東北地方でありながら、日本海側では「やませ」の恩恵を受けることもあります。それは、太平洋側に吹き込んだ「やませ」が、奥羽山脈などを越えて日本海側にフェーン現象を起こすときです。このときには、日本海側では日照時間と気温の上昇に恵まれて豊作になったりするので、秋田などでは「やませ」による東風を宝風として民謡に唄っているところもあります。

あの霧は「やませ」が運んできたもので、あれが岩手県や宮城県の太平洋側を広くおおう日が続くと、夏なのに気温が上がらないので農作物に大きな影響が発生するんです

（写真：Junpei Satoh）

41 夏はなぜ暑いんですか?

北半球では夏に太陽との距離がもっとも近くなって暖められるため、夏が暑くなります

　梅雨も終盤を迎えると、太平洋高気圧がますますその勢力を増して北上してきます。すると、それに押し上げられた梅雨前線が消滅し、日本列島は広く太平洋高気圧におおわれて、夏になります。

　夏が暑くなるのは、この太平洋高気圧の性質によっているわけですが、もう1つ重要なのが地球と太陽の関係です。

　6月下旬の夏至の日、北半球では太陽がもっとも高く昇ります。この日が昼間の時間がもっとも長い日ですが、北半球と太陽との距離がもっとも短い日なので、太陽からのエネルギー（太陽放射）

夏至のころの北半球と太陽の位置

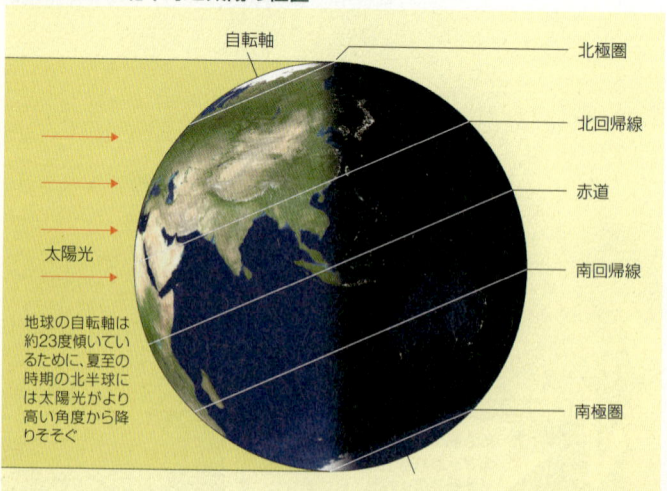

地球の自転軸は約23度傾いているために、夏至の時期の北半球には太陽光がより高い角度から降りそそぐ

太陽光 / 自転軸 / 北極圏 / 北回帰線 / 赤道 / 南回帰線 / 南極圏

（イラスト：Przemyslaw "Blueshade" Idzkiewicz）

がもっとも効率よく伝えられる日でもあります。北半球ではこの時期に気温が上昇します。

　年間の気温変化を見ると、もちろんいちばん暑くなるのは8月です。夏至の日からおよそ2カ月は気温が上がり続けることになりますが、それは1日の気温が太陽が南中する12時ではなく、それから2時間後の午後2時くらいであるのと同じ原理です。

　気温が上がるか下がるかは太陽放射と地球放射の強度差によっていて、地球放射のほうが太陽放射よりも弱ければ太陽放射が取り込まれ、地球放射と同量になるまで気温が上がり続けます。その後、地球放射のほうが強くなれば気温は下がっていきますが、北半球では両者が同量になるのが8月なのです（→P20）。

　これとまったく逆の理由で、北半球がいちばん寒くなるのは12月下旬の冬至の日から2カ月ほどした2月なのです。

夏の上高地です。日本の夏は湿度が高くてジメジメしているのが特徴ですが、長野県の北アルプスにある上高地には、さわやかな陽気を求めて、夏の間、大勢の観光客や登山家が訪れています

42 太平洋高気圧ってなんですか?

梅雨前線を北に押し上げ、夏をもたらす
南からの高気圧が太平洋高気圧です

　梅雨前線を北に押し上げて日本列島に夏をもたらす太平洋高気圧ですが、それは小笠原諸島周辺でできるため、小笠原気団とか小笠原高気圧とも呼ばれています。

　大気の循環（→P12）で見たように、赤道周辺の低緯度地方にはハドレー循環がありますが、ハドレー循環の下降気流がつくっているのが亜熱帯高圧帯です。太平洋上の亜熱帯高圧帯にできる亜熱帯高気圧が太平洋高気圧の正体です。この高気圧は背が高く、安定した晴天をもたらす高気圧です。

太平洋高気圧が張りだしたときの典型的な天気図

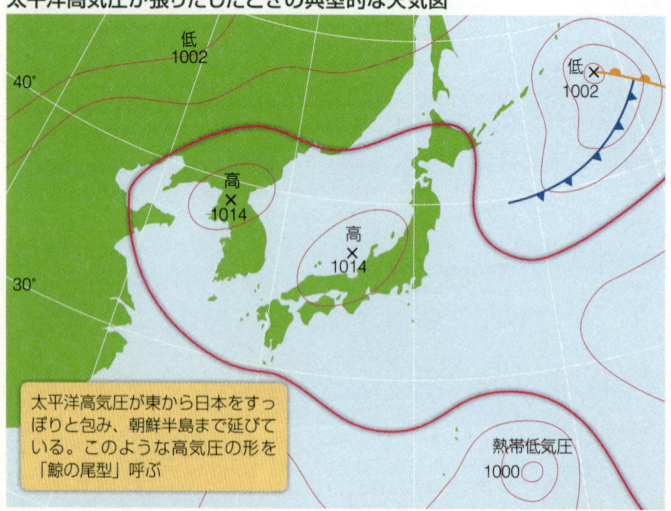

太平洋高気圧が東から日本をすっぽりと包み、朝鮮半島まで延びている。このような高気圧の形を「鯨の尾型」呼ぶ

第3章 **日本の気候** 編

　太平洋高気圧は、冬の間は太平洋の東方に追いやられていますが、夏の訪れとともに西側へその勢力を増して、日本周辺に張りだしてきます。そして、太平洋高気圧が広く日本列島をおおいつくしたときが日本列島の盛夏です。特に、太平洋高気圧が朝鮮半島までをおおうようなときには、高気圧の等圧線が東西に広大に広がるため、風も弱く厳しい暑さに見舞われます。このようなときの太平洋高気圧の形を**鯨の尾型**といいます。

　日本の夏の気候の特徴は、暑く湿ったところにあります。しかし、太平洋高気圧といえども、その中心付近は乾燥しています。その高気圧からの風が海上を渡ってくる間に、暖かな海水から水蒸気を吸収して湿度を増してしまうため、日本へ吹き込むころにはたっぷりと湿気を含んだものになり、ジメジメとした陽気になるのです。

> 夏といえば海や山へでかける人も多いですよね。沖縄県の美ら海水族館にも、夏になるとたくさんの観光客がやってきます。ほかにも、沖縄のきれいな海で泳いだりダイビングをしたり、みんな夏を満喫しています

（写真：Pagemoral）

43 夕立と雷はどうして起きるんですか？

夏の日射に熱せられた地表の空気が上昇し、積乱雲となって発生するのが夕立と雷です

　夏の日中、太陽に照らされた地表はその上の空気を暖めます。すると、その空気は上昇気流となって上空へ昇っていきますが、その上昇気流が強くなると積雲がつくられます。さらにそこへ上昇気流が加わり、積雲がより大きく発達していくと雄大積雲（ゆうだいせきうん）となります。その雄大積雲こそ夏の景色を象徴する入道雲（にゅうどうぐも）です。

　入道雲がさらに発達して対流圏界面まで達するほどに発達すると積乱雲となり、夕立を降らせたり、雷を発生させることになりますが、その様子は、それまでの晴天が一転にわかにかき曇り、

雷が発生する仕組み

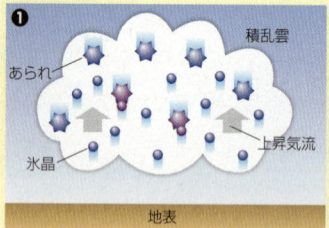

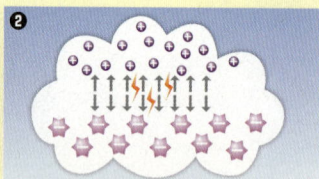

❶ 発達中の積乱雲の中では強い上昇気流が発生する。氷晶は小さいため上昇気流によって上昇するが、上空で氷晶から成長し下降するあられと激しく衝突し摩擦を起こす

❷ その結果、氷晶はプラスに帯電し、雲の上部に集まり、あられはマイナスに帯電し、雲の下部に集まる。雲の中では放電現象が発生する

❸ マイナスに帯電した大量のあられは、その下の地表にプラスの電気を帯びるようにうながす。やがて放電現象が発生し、雲から地表へ火花とともに電流が流れる。それが雷である

暗転した空から強い雨が降り、短時間で上がってふたたび何事もなかったかのように空が晴れわたるといったようなものです。

　天気予報などでも夕立と呼んでいますが、ほかの雨と違った夕立独特の降り方があるわけではなく、にわか雨や雷雨のことです。しかし、夏を象徴する雨として独自の呼び方がされています。

　夕立が降ると、ほとんどの場合、雷も発生します。積乱雲の中では氷晶がひょうやあられに成長していきますが、それらは激しい気流の流れの中でぶつかり合います。すると、小さな氷晶はプラスに帯電して上に集まり、大きなあられはマイナスに帯電して下に集まります。やがて上下の電位差がある限界を超えると積乱雲の中で放電が起こります。それが稲妻ですが、積乱雲の下の地上もマイナスに帯電したあられに誘導されてプラスの電気を帯びます。すると、積乱雲から地上へ向かって放電が起こり、落雷するのです。雷が落ちるときには強烈な雷鳴をともないますが、それは本来なら電気が通りづらい空気の中を、無理矢理電流が通過するために起きる衝撃音なのです。

> 雷が鳴りだしたらできるだけ早く家や車の中に避難しましょう。高い木に近づきすぎるのはかえって危険です

（写真：Mircea Madau）

44 ゲリラ豪雨はなぜ起きるんですか？

夏の都市を襲うゲリラ豪雨は都市のヒートアイランド化によって引き起こされます

　ゲリラ豪雨という名前は正式な気象用語ではありませんが、最近、おもに梅雨の後期から夏の間、特に東京や大阪などの都市部では、そのように呼ぶのがふさわしいような集中豪雨が頻発しています。

　この原因として考えられているのが、都市のヒートアイランド化（→P116）です。都市がまだ、いまほどコンクリート建造物だらけになっておらず、緑地や土も多かったころには起こらなかった現象だからです。

都市機能をマヒさせかねないゲリラ豪雨

大量の降雨により、下水道がその処理能力を超えてしまった。そのためマンホール（上）から雨水が噴きだしてしまった（左）（写真：長谷川順一）

コンクリートにおおわれた都市では、夏の日射によって局地的に強く熱せられるところがあったりします。するときわめて狭い範囲ですが、そこには強い上昇気流が発生し、積乱雲を急速に発達させます。その結果、わずか数km四方に短時間で豪雨をもたらすのです。

都市では、雨は下水道などに集められますが、短時間に集中して降った雨は下水道などで処理しきれない場合が多く、地下街などに流れ込んで、その機能をマヒさせてしまうようなことも起こります。このような都市型洪水は、時として大規模に都市機能をストップさせてしまったり、人命を奪うような事故に結びついたりしてしまいがちです。

狭い範囲に突発的に起こるゲリラ豪雨は、その発生を予想するのが難しいのが実情ですが、民間会社も含めて、ゲリラ豪雨についての観測態勢をしっかりとしたものにしようという動きは盛んになってきています。

地中に染み込めない雨水が街路にあふれでる

コンクリートで護岸された河川から水があふれる

下水道で処理しきれない雨水が逆流し、マンホールなどからあふれだす

舗装された道路は雨水を吸収せず、側溝へ雨水が流れ込む

地中に染み込むことのできない雨水が下水道に集まる

コンクリートにおおわれてしまった市街地では、雨は地面に染み込めずにあふれてしまいます

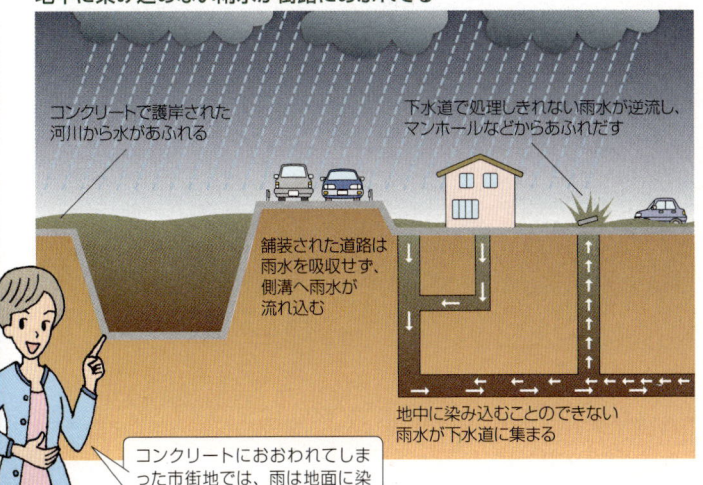

45 光化学スモッグはなぜ起きるんですか？

工場や自動車から排出される窒素酸化物が紫外線と化学反応を起こし、健康被害を引き起こします

　夏の日中、特に日射しが強くて暑く、風の弱い日に発生するのが光化学スモッグです。ゲリラ豪雨と同様に都市型の現象ですが、多くの自治体が独自に条件を設定して測定し、注意報や警報を発令しているので、地域の防災無線などで光化学スモッグ注意報を呼びかけるのを聞いたことのある人も多いはずです。

　日本の都市にかぎったことではなく、世界中で問題になっていることです。自動車王国のアメリカでは、1945年にロサンゼルスで初めて観測されたという記録があります。

光化学スモッグの仕組み

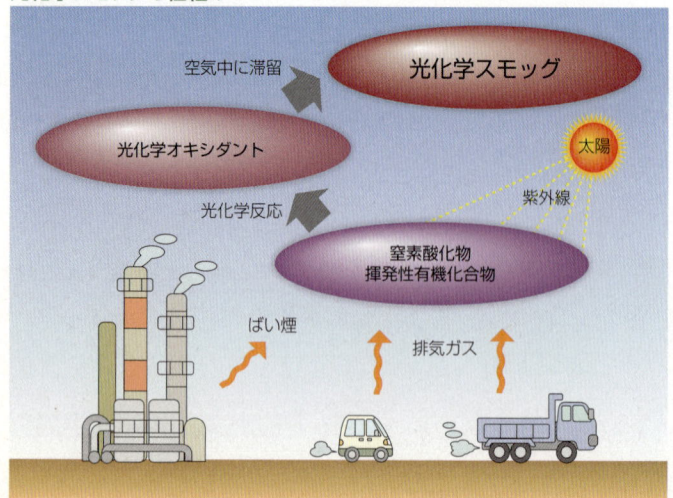

第3章 **日本の気候** 編

　光化学スモッグとは、工場や自動車から排出される窒素酸化物などが太陽からの紫外線によって化学反応を起こし、光化学オキシダントと呼ばれる有害物質となって空気中をただよっているものです。それが私たちの体内に入ると、目や喉の痛み、めまい・頭痛といったさまざまな健康障害を引き起こし、ひどいときには救急車で搬送されるようなことも起こります。光化学スモッグを避けるには、窓を閉め切った室内にとどまり、外出を控えることが大切です。

　盆地状の都市では光化学スモッグが滞留しやすいので、街が霧に包まれたような状態になってしまうこともあります。

　最近では自動車の排ガス規制などの効果により、光化学スモッグの発生件数が減少傾向にありましたが、ヒートアイランド現象や中国などからの大気汚染の流入などによって、ふたたび増加しそうなところもあります。

私たちの生活に欠かすことのできない自動車からの排気ガスや、工場の煙突からでる煙などの量が多すぎて、光化学スモッグが発生してしまうんです

46 熱帯夜はなぜ起きるんですか？

コンクリートで固められた都市は、夏の夜を冷やすことができないのです

　昼間の暑さがそのまま続き、最低気温が25℃を下回らない、夏の寝苦しい夜を象徴する熱帯夜も、ゲリラ豪雨と同様に過度な都市化が原因で発生するヒートアイランド現象によるものと考えられています。風のない夜などは特によく発生します。

　コンクリートの建造物が林立し、道路がアスファルトでおおわれている現代の都市は、日射から膨大な熱を吸収します。その日中に蓄積された太陽からの熱が日没とともにスムーズに排熱されれば問題はありませんが、とても排出しきれないため、ひと晩中熱を発し続けることになります。風の弱い日などは、排出された

熱帯夜・猛暑日の日数と熱中症死亡者数

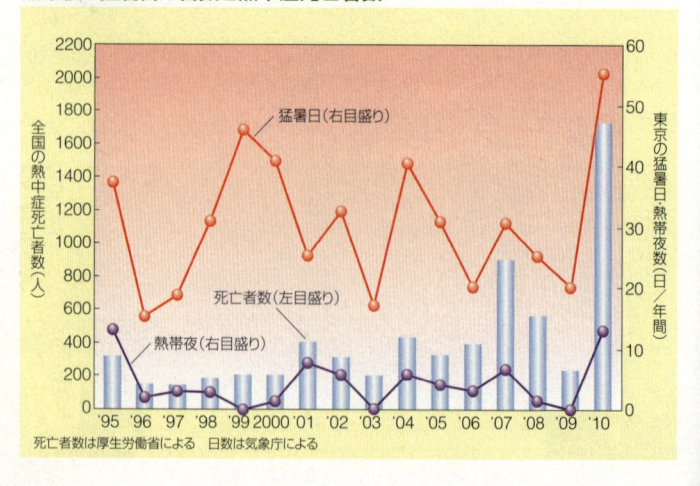

死亡者数は厚生労働省による　日数は気象庁による

熱がそのまま周辺にとどまるため、夜間になっても気温が下がりません。

　そうなると利用されるのが冷房です。エアコンは全国平均の普及率が88％と、いまや各家庭に広く普及しています。熱帯夜対策として私たちがエアコンを使用しようとするのは当然のことですが、エアコンからは室外機によって室内の熱が排出されるため、都市の夜間気温をさらに高めてしまうことになります。残念ながら、熱帯夜対策として行っていることがさらに熱帯夜を促進させるという、困ったサイクルになってしまっています。

　東京や大阪での熱帯夜発生件数は、1940年代までは年間に10日もありませんでしたが、現在では40日にせまるほどの頻度で発生しています。また、期間も長期化し、以前には7月から8月の間の1カ月程度であったものが、現在では6月下旬から9月中旬ごろまで発生しています。また、発生場所も東京、大阪などの大都市ばかりでなく、地方都市にも拡大しており、特に西日本で増加しています。

熱中症で救急搬送された人の内訳

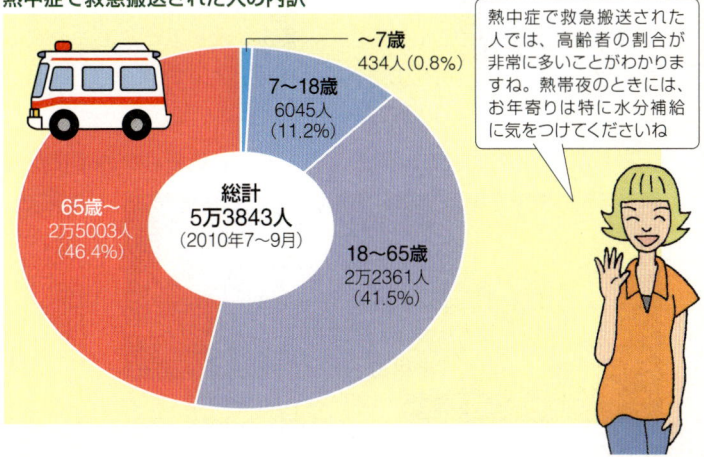

～7歳 434人（0.8％）
7～18歳 6045人（11.2％）
65歳～ 2万5003人（46.4％）
18～65歳 2万2361人（41.5％）
総計 5万3843人（2010年7～9月）

> 熱中症で救急搬送された人では、高齢者の割合が非常に多いことがわかりますね。熱帯夜のときには、お年寄りは特に水分補給に気をつけてくださいね

47 ヒートアイランド現象ってなんですか?

都市の構造変化によって熱が下がりづらくなり、ゲリラ豪雨や熱帯夜の原因になっている現象です

　東京などの大都市の、近年の夏に発生するゲリラ豪雨や熱帯夜などの原因になっているのがヒートアイランド現象です。いまや、大都市をおおいつくしてしまったようなコンクリートとアスファルトですが、これらは太陽からの熱を吸収して熱くなり、都市の気温を高くします。これに加えて、自動車や工場からの排熱、エアコンの室外機からの排熱、都市の24時間化による照明やネオンからの発熱、飲食店などでの調理器具やパソコンなどのOA製品の発熱など、都市には熱を発するものがあふれています。

　地球の温暖化が問題にされるとき、この100年で地球の平均気温が0.7℃上昇したことが取り上げられます。これは自然界の気温変動としては異常とされることなのですが、東京ではこの100年間で平均気温が3℃も上昇しています。熱を下げる工夫や装置をもたない現代の都市の環境が、いかに大きく悪化しているかがわかります。

　その結果、1日の最高気温が30℃を超える真夏日や熱帯夜が増

> 大都会が24時間休まずにエネルギーを使い続けている結果、都市がヒートアイランド化するんですね

えているのに対して、最低気温が0℃を下回る真冬日が非常に少なくなっています。このような環境の変化は私たち、特に高齢者や幼児の健康に大きな影響を与えており、夏になると熱中症で救急搬送される人がたくさんいます。

ヒートアイランド化は都市の緑化や水辺の環境整備、発熱製品の省エネルギー化などによって緩和することができますが、そのためには、計画的な街づくりや施策への私たちの積極的な参加が不可欠です。

ヒートアイランド現象の仕組み

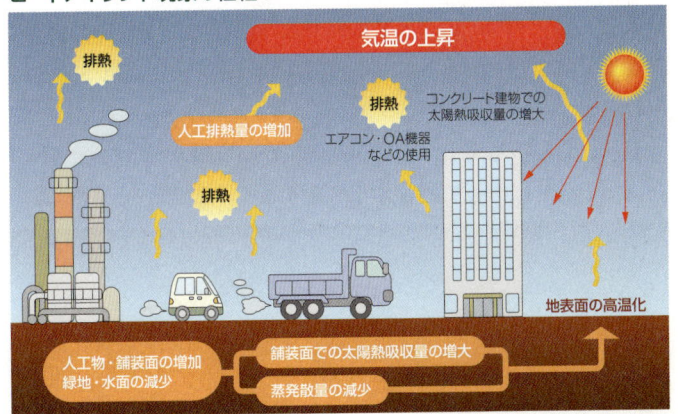

関東地方で30℃を超えた延べ時間数の広がり（5年間の平均時間数）

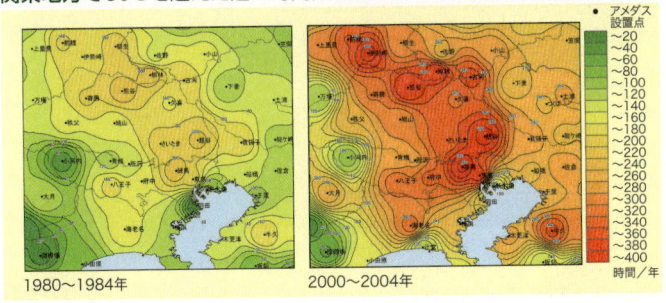

1980〜1984年

2000〜2004年

48 台風とはどのようなものなんですか？

赤道付近で熱帯低気圧から発達した台風は夏になると日本周辺に大きな災害をもたらします

　台風とは、赤道気団の中でできる熱帯低気圧が発達し、最大風速が秒速17.2m（34ノット）以上になったものをいいます。赤道周辺では貿易風に乗って西へ進みますが、地球の自転の影響によるコリオリ力（→P46）によって進路が北へと変化し、日本周辺の中緯度まで北上してくると、今度は偏西風に流されて北東へと進んでいきます。

　夏には日本の南海上へ太平洋高気圧が広く張りだすため、その高気圧のへりに沿って進むようになります。そのために日本周辺

高度約400kmにある国際宇宙ステーションから見た台風です。大きな渦の中央にはっきりと台風の目が見えますね。この雲の下では、とても激しい雨と強烈な風が吹いているんですよ

（写真：NASA）

には、8月から9月がもっとも多くの台風が接近します。ただし、この時期は太平洋高気圧が偏西風を北に押し上げているので、台風が偏西風に流されずに迷走することがあります。この場合には、台風の進路予想が非常に難しくなるので注意が必要です。

　台風は熱帯低気圧が発達して巨大な積乱雲となったもので、気象観測衛星からの画像を見ると、反時計回りに渦を巻いていることがわかります。その中心には雲がなく、地上がのぞける穴が開いているのを見ることがありますが、これが台風の目です。台風の目は周囲に高い壁のような雲を形成していますが、台風へ流れ込む風は、この目の壁雲(かべぐも)の中を反時計回りでらせん状に回転しながら上昇していきます。

　目の壁雲を伝って対流圏界面まで上昇した風は、それまでとは逆に時計回りに吹きだします。このとき、台風の目の中には下降気流ができているため、地上では一瞬おだやかな天気となります

台風の仕組み

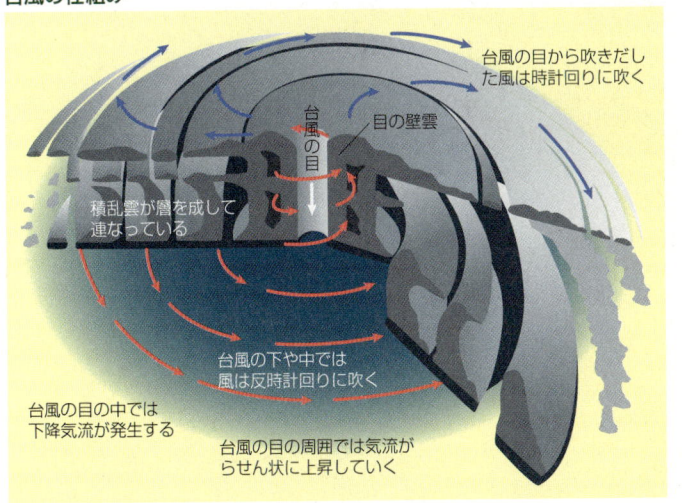

- 台風の目から吹きだした風は時計回りに吹く
- 台風の目
- 目の壁雲
- 積乱雲が層を成して連なっている
- 台風の下や中では風は反時計回りに吹く
- 台風の目の中では下降気流が発生する
- 台風の目の周囲では気流がらせん状に上昇していく

が、台風の目が通過すれば、ふたたび台風による激しい雨と風に襲われます。

より強力になっている最近の台風

　台風は1つの巨大な積乱雲のように見えますが、細かく見ると台風から延びる渦は、たくさんの小さな積乱雲が連なったものであることがわかります。さまざまな方向に延びる渦に積乱雲があるために、台風の中心から離れたところで断続的に強い雨が降るといったことが起こるのです。

　熱帯低気圧にエネルギーを供給するのは暖かい海水です。赤道

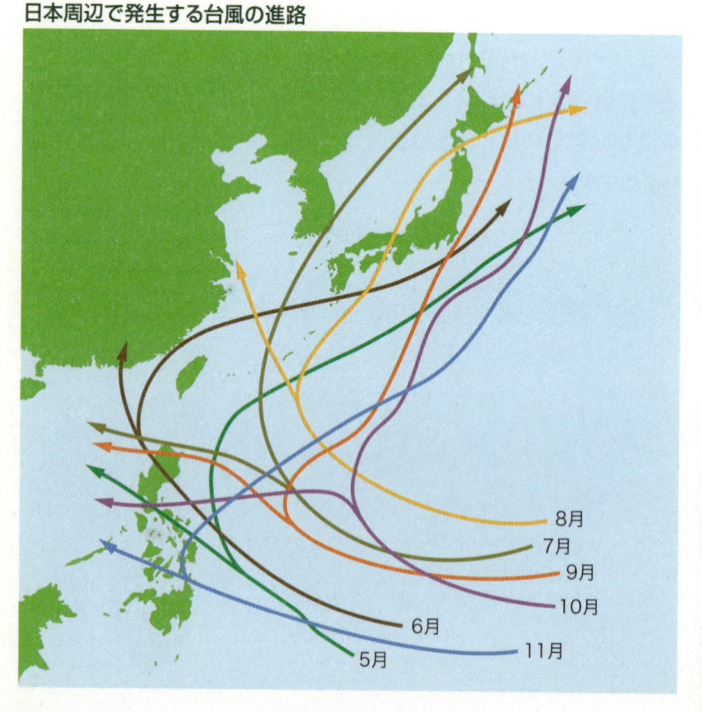

日本周辺で発生する台風の進路

周辺の海水温が26℃を超える海域では、水蒸気がどんどん供給されるため、熱帯低気圧は台風へと発達していきやすくなっています。しかしこれまでは、北上するにつれて海水温が低下し、それにともなって供給されるエネルギーが減るため、台風はその勢力を弱めていきました。

ところが地球の温暖化の影響なのか、最近は日本近海の黒潮の海水温が高くなっているため、これまでだったら日本付近で弱まっていた台風の勢力が一向に弱まらず、強い勢力のまま日本周辺を通過したり上陸するために、これまでにない規模の災害に見舞われるといったことが起こっています。

海に囲まれた日本では、雨や風に加えて注意しなければいけないのが高潮です。台風は巨大な低気圧ですから、その下は周囲よりも気圧が低くなります。気圧が1hPa（ヘクトパスカル）低下すると海面は1cm上昇しますので、もし50hPa低下した場合の海面上昇は50cmになりますから、それが満潮時に重なったりした場

2009年8月に上陸した台風9号は全国的に大きな被害をもたらしました。特に兵庫県では20名の犠牲者をだしました。この橋の欄干には増水した川が運んできた流木などが絡んでいますが、数日前にはここで濁流が渦巻いていたんです

（写真：Corpse Reviver）

合には、海水が堤防を越えて浸水し、災害を引き起こすことにもなりかねません。特に、太平洋沿岸で南に口を開いた湾港などで、台風の進行方向の右側にあたるところでは、風が沖から陸に向かって海水を押すように吹くので、十分な警戒が必要です。

　台風では、自分が進行方向の右側にいるか左側にいるかは非常に重要なポイントです。台風の右側では、台風に吹き込む風に加えて、台風を動かす太平洋高気圧のへりを流れる風が加わるためにいっそう強く吹くことになるからです。そのために船舶などは、より安全な左側へ避難することが肝心です。

台風の進路予報図に細心の注意を払おう

　大きな災害をもたらす危険性が高い台風ですから、それに対する予報は非常に重要で、気象を予報するものにとってはもっとも重要なテーマです。

天気図で見る台風

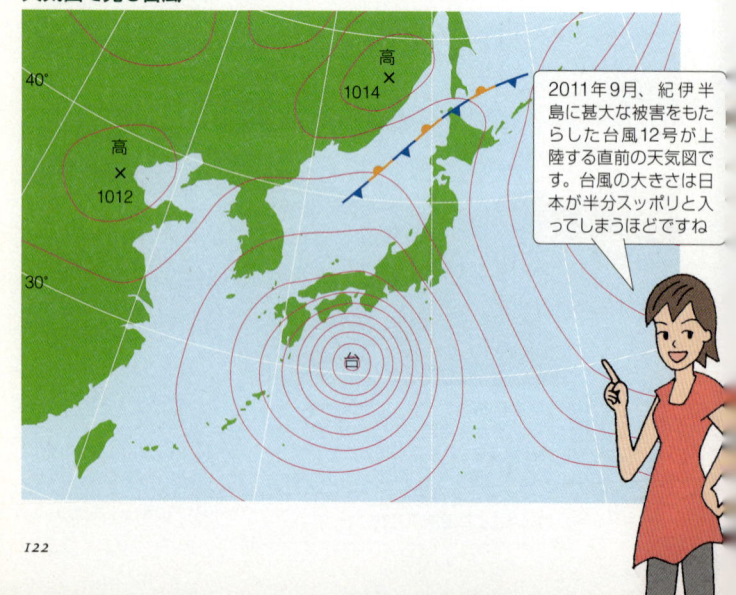

2011年9月、紀伊半島に甚大な被害をもたらした台風12号が上陸する直前の天気図です。台風の大きさは日本が半分スッポリと入ってしまうほどですね

気象庁では、台風の強さと大きさを表示するための基準を設けており、強さは風速で、大きさはその半径で表しています。「強い台風」といった場合には、最大風速が秒速33～44m、「非常に強い台風」が最大風速が秒速44～54m、「猛烈な台風」となると、最大風速は秒速54m以上となります。

　また、「大型の台風」とは、風速が秒速15m以上の強風域の半径が500～800km、それを超えたものは「超大型の台風」と呼ばれます。

　そのような台風がどのような進路をたどるかを予想したものが、台風の進路予報図です。この予報図には台風の12時間後、24時間後、48時間後の予想位置が円で表示され、さらに秒速25m以上の暴風が予想される暴風警戒域もあわせて表示されているので、台風が接近してくるようなときには、こまめにチェックすることが大切です。

台風の進路予報図

予報円とは台風の中心があるであろう範囲を示す。台風は予報円の中心を結ぶ線上を移動する確率がもっとも高い

- 予報円の中心
- 72時間後の予報円
- 48時間後の予報円
- 暴風警戒域
- 24時間後の予報円
- 12時間後の予報円
- 現在の強風域（秒速15m以上）
- 現在の暴風域（秒速25m以上）

49 秋雨前線ってなんですか？

夏から秋へ季節が変わろうとするとき、
2つの高気圧の境にできるのが秋雨前線です

　夏から秋へ季節が移り変わる9月も半ばを過ぎると、それまで日本列島を広くおおっていた太平洋高気圧もその勢力を弱め、南へ後退していきます。すると、春の移動性高気圧が中国大陸から東進してくるのと同様に、大陸から冷たい移動性高気圧が張りだしてきます。この移動性高気圧と太平洋高気圧の境にできるのが**秋雨前線**です。東西に長く停滞する秋雨前線によって、全国的にぐずついた陽気になります。

　秋雨前線は梅雨前線とよく似た停滞前線ですが、梅雨前線の形

秋雨前線が現れた天気図

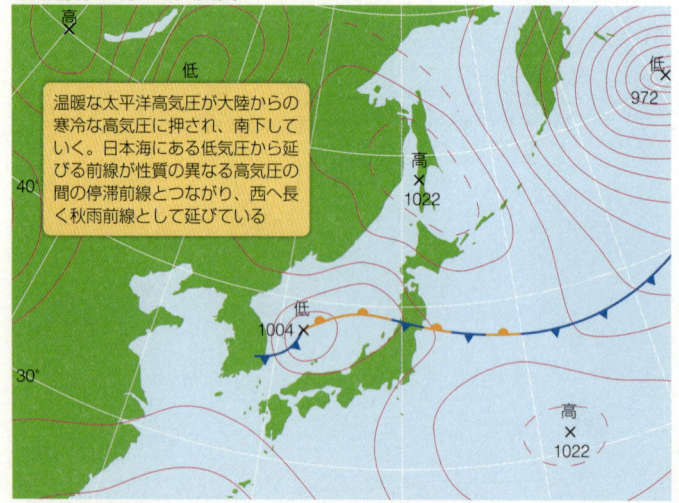

> 温暖な太平洋高気圧が大陸からの寒冷な高気圧に押され、南下していく。日本海にある低気圧から延びる前線が性質の異なる高気圧の間の停滞前線とつながり、西へ長く秋雨前線として延びている

成にはオホーツク海高気圧が関係していたのに対して、秋雨前線ができることには、オホーツク海高気圧は関係していません。

　秋雨前線を梅雨前線と比べると、前線の活動そのものは弱いのでそれほどの雨量にはなりませんが、秋雨前線が現れる時期はちょうど秋の台風シーズンに重なるため、台風が影響を与えることが多く、そうなると俄然大量の雨を降らせ、時には災害をもたらします。

　梅雨が西日本で多く雨を降らせるのに対して、秋雨は東日本で雨量が多くなります。また、梅雨が東南アジアを含めた広い範囲で起こるものなのに対して、秋雨前線は日本周辺でだけ見られるものです。また、梅雨ほどにはその始まりや終わりが明確でないため、それに相当する発表はありませんが、10月中旬になると秋雨前線が日本の東の海上へ抜けていき、それと同時に消滅します。このころには、日本列島は大陸からの移動性高気圧に広くおおわれるため、さわやかな秋の晴天となります。

秋雨前線が南下すると日本は大陸からの冷たく乾いた空気におおわれます。神奈川県箱根の仙石原などでは山の斜面がススキでおおわれるほどになって、いよいよ秋ですね

50 紅葉前線ってなんですか?

春の桜前線と同様に
秋の紅葉ぐあいを知らせる大切な予報図です

　秋も深まってきた10月下旬ごろになると、北海道や高い山から始まるのが紅葉です。秋を実感させる紅葉は多くの人を引きつけるため、各地で重要な観光要素となっています。

　そのために、全国で紅葉がどのように進行していくかを予想したものが紅葉前線です。紅葉の始まりが同時に予想されるところを線で結んで表示したもので、春の桜前線と同じ考え方のものですが、桜前線が北へ向かっていくのに対して、紅葉前線は南に向かっていきます。

紅葉前線

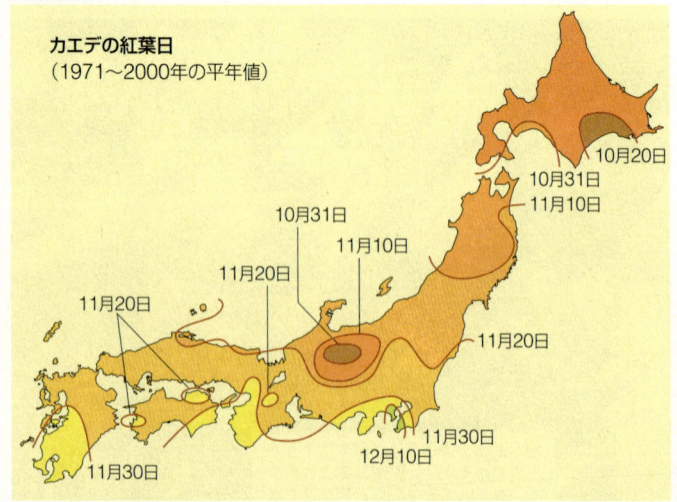

カエデの紅葉日
（1971〜2000年の平年値）

- 10月20日
- 10月31日
- 11月10日
- 10月31日
- 11月10日
- 11月20日
- 11月20日
- 11月20日
- 11月30日
- 12月10日
- 11月30日

紅葉とは、カエデやイチョウなどの落葉樹が、その葉を落とす前に葉の色を紅や黄に変えるもので、朝晩と日中の気温差が大きいほどきれいに色づくといわれています。

　例年、9月の下旬から10月中旬の北海道大雪山周辺からスタートしたのち、11月下旬から12月初旬に九州南端で紅葉して終わりますが、そのころには大雪山周辺は深い雪をかぶっており、季節は冬へと切り替わっていきます。

　全国でもっとも早く紅葉が見られる名所は、北海道の大雪山周辺ですが、日本全国に紅葉の名所があり、大勢の観光客で賑わいを見せています。

　もちろん、紅葉は日本だけのものではなく、同じような気候条件であれば、世界中で見ることができます。たとえば、北米大陸東部のアメリカとカナダの国境周辺では、カナダの国旗にもあるカエデが紅く色づく様はその規模の壮大さもあって、壮観です。

> 9月に北海道で始まる紅葉が山を赤く染める様子は、多くの観光客を引きつけますよね。日本は山が多いから各地できれいな紅葉が見られます

51 木枯らし1号ってなんですか?

晩秋、その年初めて吹いた北西の強風を木枯らし1号といいます

　11月に入り、秋が深まって冬の訪れを近く感じだすころになると、おだやかな陽気が続いているときにも一時的に冬型の西高東低の気圧配置が出現するときがあります。このころでは、冬型の気圧配置は長続きはしませんが、北ないし北西の方向から冷たい風が吹いてきます。

　その風が強く吹くと、紅葉している木々の葉を散らして枯れ木のようにしてしまうため、これを木枯らし(こが)と呼んでいます。木枯らしのなかでも、その年初めて太平洋側で秒速8m以上の風速が観測されたものを「木枯らし1号」と呼びます。

木枯らし1号が吹いた日の天気図

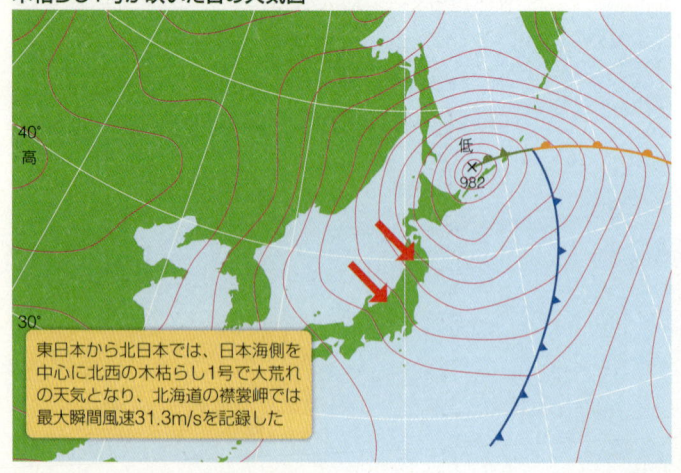

東日本から北日本では、日本海側を中心に北西の木枯らし1号で大荒れの天気となり、北海道の襟裳岬では最大瞬間風速31.3m/sを記録した

木枯らし1号が観測されると気象庁から発表されますが、関東地方と近畿地方でのみ行われています。ちなみに、どちらの地方でも木枯らし1号が観測されるのは、11月初旬の立冬のころが多くなっています。

初春に吹く春一番に対応したものが、木枯らし1号です。木枯らしを吹かせた西高東低の気圧配置では、上空への寒気の入り込みが一時的なため、真冬の西高東低の気圧配置ほど寒気が厳しいものにはなりません。そのため、北海道では雪になりますが、本州の日本海側では雪ではなく雨が降ります。

また、木枯らしをもたらした西の高気圧は移動性高気圧のため、西高東低の気圧配置が弱まると、日本列島はふたたび移動性高気圧におおわれ、秋の陽気に戻ります。

木枯らしが吹くたびに木々はその葉を落とし、紅葉が終わっていきます。木枯らしが吹いたのち、秋の陽気に戻るというサイクルを繰り返しながら、徐々に本格的な冬になっていきます。

> 木々も葉を落として、枯れ葉が敷きつめられた山道を歩くと、いよいよ冬が近いことを実感しますね。この時期には山の動物たちも冬ごもりの準備で大忙しなんです

52 冬の季節風ってなんですか？

ユーラシア大陸の端にある日本で、西高東低の気圧配置から吹く強い北西の風が冬の季節風です

　季節風とは、ある季節になると特定の地域で吹く風のことですから、世界のさまざまなところで観測することができます。

　日本列島はユーラシア大陸の東のはずれにあるため、年間を通じて特徴的な季節風が吹いていますが、それはユーラシア大陸と太平洋との温度差が原因で起こるものです。夏になると、ユーラシア大陸は日射によって暖められるため、太平洋上の気温よりも高くなり、湿った南風が吹きます。これが夏の季節風ですが、この逆の仕組みで起こるのが冬の季節風です。

　冬になると、大陸は日射量の減少やそれにともなう北極からの

大陸から吹く冬の季節風が日本海や黄海上で筋状の雲をつくっています。強い季節風は四国や紀伊半島を越えて太平洋にでると、また筋状の雲になっていますね。このときの九州西方海上を拡大したのが右ページのの画像です。韓国の済州島にぶつかった風が大きな渦を巻いているのがわかります

冷気、あるいは背の低いシベリア高気圧による放射冷却によって−40℃程度にまで冷やされます。この強い寒気からなるシベリア気団が偏西風に乗って大陸を南下し、日本列島の西側にやってきます。このとき、日本列島の東側の太平洋上では、大気温が大陸よりも暖かいため上昇気流が生まれ、低気圧が発生しやすくなっているので、西高東低の気圧配置となり、大陸の冷たい高気圧から太平洋上の低気圧へ向かって風が吹きます。それが冬の季節風です。

この季節風で注目しなければいけないのは、大陸からの風が日本海上へ吹きだすと、水蒸気を吸収しながら海上で暖められ、日本海側から北海道の広い範囲に雨や雪を降らせるという点です。

日本海には、南の東シナ海から対馬海峡を通って北上する対馬海流が流れているため、その上に吹き込んだ大陸からの乾燥した冷気を暖め水蒸気を供給します。すると上昇気流が発生し、積乱雲へと成長していくのです。冬の季節風が強いとき、気象観測衛星からの画像で、日本海上に筋状の雲ができているのを見ますが、あの筋は積乱雲が並んでできているのです。日本海側に雨や雪を降らせた大陸からの寒気は、太平洋側では冷たく乾燥した風となりますが、太平洋上で暖められ、ふたたび筋状の雲を形成します。

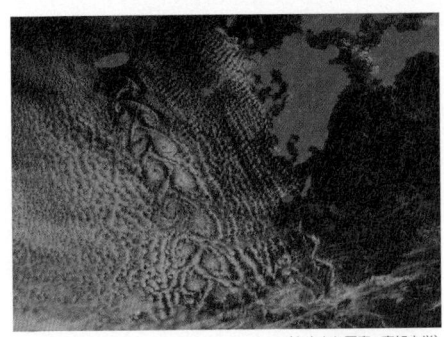

世界にはさまざまな季節風がありますが、日本周辺で西高東低の気圧配置によって吹く冬の季節風は、世界の季節風のなかでもっとも強い季節風の1つです。

(左右とも写真：高知大学)

53 西高東低の気圧配置ってなんですか?

**日本の冬を特徴づける気圧配置で、
日本海側に雪を降らせ、太平洋側を乾燥させます**

　日本の冬を象徴する気圧配置で、日本列島の西側のユーラシア大陸にシベリア気団のつくる高気圧があり、東側の太平洋上に低気圧があるときにできる気圧配置を、**西高東低**（せいこうとうてい）と呼んでいます。このとき、日本上空では等圧線が南北に並んでいますが、等圧線の間隔が狭ければ狭いほど地上では強い季節風が吹き、日本海側を中心として強い雨や雪に見舞われています。

　等圧線の間隔は、西の高気圧と東の低気圧の気圧差を表していますが、冬のユーラシア大陸は太陽からの日射量が少なく、北極

西高東低の天気図

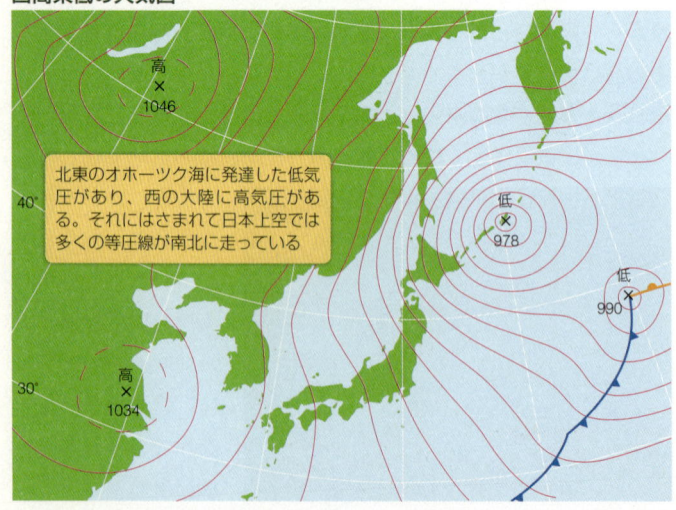

北東のオホーツク海に発達した低気圧があり、西の大陸に高気圧がある。それにはさまれて日本上空では多くの等圧線が南北に走っている

の寒気に冷やされるため、−40℃程度にまで寒冷化することを季節風の項で見ましたが、シベリア気団の冷たい空気は重くなるため地上へ降りていこうとして下降気流となり、非常に寒冷で乾燥した高気圧となります。しかし、この高気圧は背が低いため、上空に空気が流れ込みやすくなっています。

一方、太平洋の海水温は年間を通じて大きな変動がないので、海上へ流れだした寒気は太平洋で海水に暖められることによって上昇気流となり、低気圧が生まれます。このようにして西高東低の気圧配置独特の気流の流れができますが、その流れは東西の気圧差が大きいほど激しくなります。

西高東低の気圧配置によって、山陰地方から東北地方の日本海側と北海道にもたらされる降雪量は大量で、日本は中緯度地方にあるにもかかわらず、世界有数の豪雪地帯となっています。

水蒸気を失って乾燥した空気は、山を越えて太平洋側に吹き下ろします。それを「赤城おろし」とか「六甲おろし」などと呼んでいますが、これもフェーン現象の一種です。ただし、もともとの気温が低いため、地上を暖めることはありません。

> 北海道は欧州では地中海北部、アメリカでは五大湖周辺と同じ緯度です。その気候を比べてみれば日本の冬の季節風がいかに厳しいかがわかりますね

54 小春日和ってなんですか?

冬に向かっているときに
たまに現れる暖かくおだやかな陽気のことです

　秋が深まり、西高東低の気圧配置が現れるようになって、北西の季節風が吹く冬の陽気へと変わっていくころ、しばしば暖かな陽気に包まれることがあります。このつかの間のおだやかな陽気を**小春日和**（こはるびより）といいます。

　小春日和がもたらされるには、2つの要因があります。

　1つは、シベリア気団の勢力が一時的に弱まることによって、揚子江気団からの移動性高気圧が西から張りだしてくることです。

小春日和の天気図

冬の気圧配置が崩れ、日本は広く移動性高気圧におおわれた。南から暖かな空気が流れ込んだため、特に本州では気温が上がった

揚子江気団からの高気圧は寒気をともなっていないために、日本列島はおだやかな秋の陽気に逆戻りしますが、シベリアからの冷たい高気圧が南下してくると、日本周辺はふたたび冬の陽気になります。このようなことを繰り返しながら、本格的な冬を迎えることになります。

もう1つは、西高東低の冬型の気圧配置がゆるむときです。気圧配置がゆるむとは、日本上空を南北に走る等圧線の間隔が広くなることを指しますが、等圧線の間隔が広がると東西の気圧差が小さくなるので、季節風が弱まり、おだやかな陽気になります。

これは日本海上で発達する低気圧が北にずれて、その中心が北海道のはるか北にあるときにも同じで、寒気が北に移動した結果、小春日和となります。

日本の小春日和に相当する気候は世界各地にあり、アメリカではインディアン・サマーと呼ばれ、ドイツでは老婦人の夏と呼ばれています。

> 揚子江気団が暖かな高気圧をもたらすことによって、冬の陽気が一時ゆるむことを小春日和といいます。しかし、暖かさは長続きせずにすぐまた寒くなるので、この時期の健康管理には気をつけましょう

55 冬の日本海側に雪が多いのはなぜですか？

シベリアの乾燥した寒気が日本海で暖められ、低気圧として急速に発達するからです

　日本は中緯度地方にあり、欧州やアジア、北米、あるいは南半球の同じような緯度のところと比較すると、その積雪量は際立っていますが、これはひとえに、日本列島がユーラシア大陸の端に位置しているためです。

　ユーラシア大陸は非常に広大で、北は北極圏に入っています。このため、特にシベリア東部では、冬の気温は-50℃以下にまで下がり、年間の最高気温との温度差は100℃を超えるほど大きなものになっています。

　このように、きわめて厳しい寒冷化に見舞われるシベリアの冷気でできているシベリア高気圧にとって、冬でも10℃を下らな

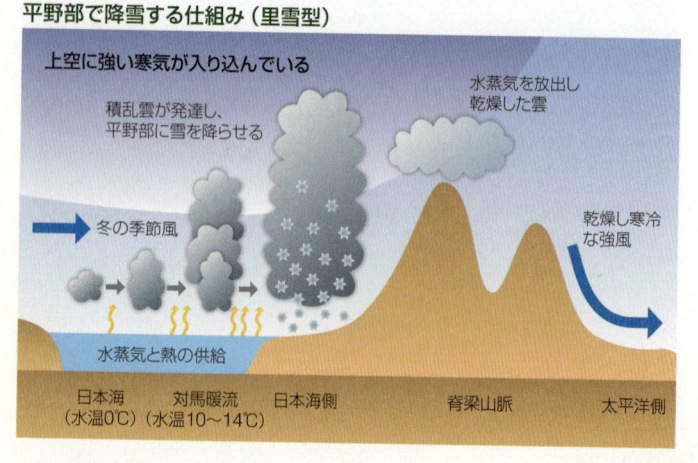

平野部で降雪する仕組み（里雪型）

上空に強い寒気が入り込んでいる

積乱雲が発達し、平野部に雪を降らせる

水蒸気を放出し乾燥した雲

冬の季節風

乾燥し寒冷な強風

水蒸気と熱の供給

日本海（水温0℃）　対馬暖流（水温10〜14℃）　日本海側　脊梁山脈　太平洋側

い日本海は暖かいお風呂のようなものです。シベリア高気圧からの乾いた冷気は、海水温との大きな温度差によって暖められ、海水からの水蒸気を大量に吸収し、上昇気流を発生させ、積雲や積乱雲を成長させます。

　大量の水蒸気を含んだ雲は日本海を渡り、山陰地方から北海道までの広い範囲で平地や脊梁山脈に雪を降らせます。

　日本海で発生した雲が積乱雲を中心としているときには、上陸し海からのエネルギー補給がなくなると同時に降雪が始まるので、市街地などの標高の低いところで雪になります。これを<ruby>里雪型<rt>さとゆきがた</rt></ruby>といいます。一方、積雲が中心のときには、上陸したときにはまだ雪を降らせるほど成長していないため、脊梁山脈にぶつかり、その斜面を登っていくときに積乱雲へと成長していくので、山間部で大量の雪となります。これを<ruby>山雪型<rt>やまゆきがた</rt></ruby>といいます。

　最近は暖冬傾向などといわれて、積雪が少ない年もありましたが、2011年から2012年にかけては、日本海側の各地で猛烈な雪となり、平年の2〜3倍の降雪量を記録しました。

山間部で降雪する仕組み（山雪型）

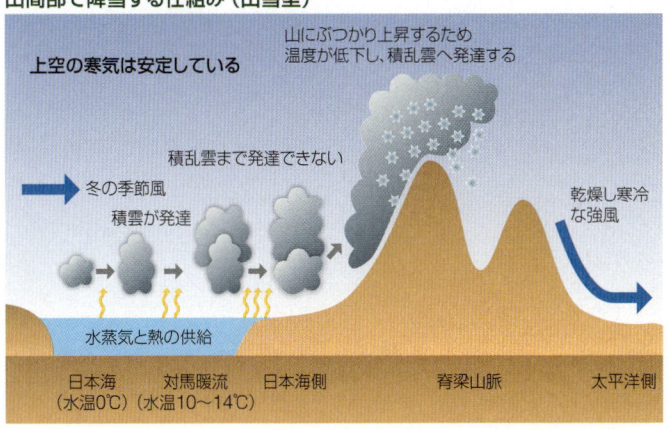

上空の寒気は安定している

山にぶつかり上昇するため温度が低下し、積乱雲へ発達する

積乱雲まで発達できない

冬の季節風

積雲が発達

乾燥し寒冷な強風

水蒸気と熱の供給

日本海（水温0℃）　対馬暖流（水温10〜14℃）　日本海側　脊梁山脈　太平洋側

56 冬の太平洋側が晴れるのはなぜですか？

日本海側で雪を降らせた季節風は水蒸気を失い、太平洋側に乾燥した晴天をもたらします

　日本の冬の気候を概説すると、大陸からの乾燥した寒気が、日本海を渡るうちにたっぷりと水蒸気を吸収し、湿ったまま日本列島の中央部にそびえる脊梁山脈にぶつかり、その斜面を上昇するときに積乱雲を形成し、雨や雪を降らせたことによって水蒸気を失い、ふたたび乾燥した状態で山を下って太平洋側に吹き込み、乾燥した空気におおわれた太平洋側の平野部を晴天にする、ということになります。

　山脈を隔てて、日本海側と太平洋側の天候が見事なほどに対称的なことに驚きますが、太平洋側に晴天をもたらす空気は、大陸からの寒気なので晴天とはいえ気温は低いままです。山を下る乾

群馬県赤城山上にある榛名湖、2月の様子。ここで吹く季節風は新潟県と群馬県の県境の谷川岳に雪を降らせて乾燥しているため、周囲の山に雪を降らせることは少ないが、湖面を固く結氷させる（写真：puffyjet）

燥した強風は、フェーン現象によって吹く風なのですが、気温の上昇をもたらさないためにフェーン現象とは呼ばれません。山のふもとにあたる群馬県などではいちだんと強く吹くので、昔から「上州のからっ風」とか「赤城おろし」「榛名おろし」などと呼ばれています。

ただし名古屋などのある中部地方の太平洋側では、日本海側との境にある山の高度が低いために、北からの空気が乾燥しきらずに、雨や雪をともなったまま流れ込むことがしばしばあり、そのために東海道新幹線の運行に遅れが生じるといったことも起こっています。

この乾燥した冬の季節風によって、太平洋側では湿度が低下するので、風邪やインフルエンザが流行するのもこの季節に特有なことです。また、暖房を使う季節でもあるので、火事の件数も多くなります。

インフルエンザ患者数の月別推移

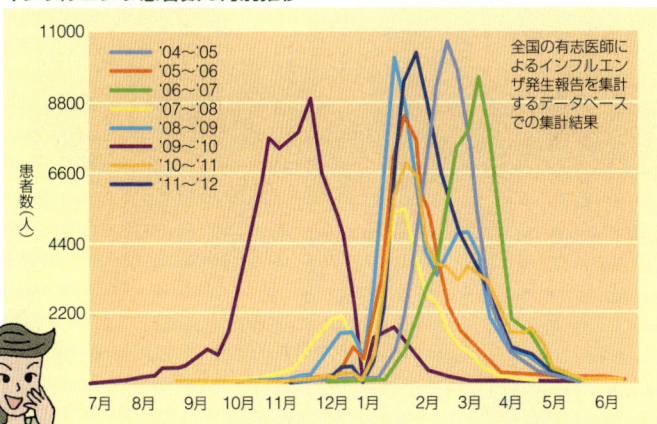

全国の有志医師によるインフルエンザ発生報告を集計するデータベースでの集計結果

凡例:
- '04～'05
- '05～'06
- '06～'07
- '07～'08
- '08～'09
- '09～'10
- '10～'11
- '11～'12

縦軸：患者数（人）
横軸：7月 8月 9月 10月 11月 12月 1月 2月 3月 4月 5月 6月

毎年11月下旬から12月上旬にインフルエンザのシーズンが始まり、1～3月にピークを迎えて4～5月にかけて患者数は減少します。毎年、人口の5～10％（約600～1300万人）がインフルエンザにかかると想定されているんですよ

57 樹氷はどうしてできるんですか?

樹木にぶつかった過冷却水が結氷し、風上に向かって成長していくと樹氷になります

　樹氷(じゅひょう)は、シーズンになると東北地方から中国地方のスキー場や雪山、あるいは九州の中央部の山地でも見ることができます。

　樹氷とは、冬の季節風が運ぶ過冷却水滴(氷点下以下に下がっているにもかかわらず凍らずに水のままでいる水滴)が樹木に衝突した衝撃で凍結し、枝に付着したもので、樹木全体に氷の葉が生えたように見えます。

　気温が−5℃を下回ると樹氷が現れるようになります。付着する水滴は、樹氷の上に次々と重なっていくので、風上の方向へ向

冬の季節風が運んできた過冷却水が樹木にぶつかるとそこで凍結する。そこへ次々に過冷却水がぶつかるために風上に向かって樹氷は成長していく

かって成長していきますが、その姿が似ているため「**エビのしっぽ**」と呼ばれます。樹氷が見られるところでは、風が同じ方向から、しかも強く吹きます。また、積雪量が、樹木を埋没させない程度の適度な量であることも大切な条件です。

　樹氷に成長していく過冷却水は、その中にたくさんの気泡を含んでいるため、白濁しているとともに、もろい氷です。そのため、木をゆすると樹氷は簡単に落ちてしまいます。

　樹氷は、細かい針のような葉をもつ常緑樹でよく成長します。

　日本では宮城県の蔵王の樹氷がもっとも有名です。蔵王には広大なアオモリトドマツの森があり、そこに樹氷ができますが、成長していくエビのしっぽのすき間に雪が入り込み、そして固まります。これを焼結といいますが、この着氷から着雪、焼結を繰り返すことによって、蔵王の樹氷群ができあがります。

　蔵王と同じ樹氷群は、八甲田山や八幡平などの奥羽山脈の標高1500m前後の森でも見ることができます。

蔵王の樹氷

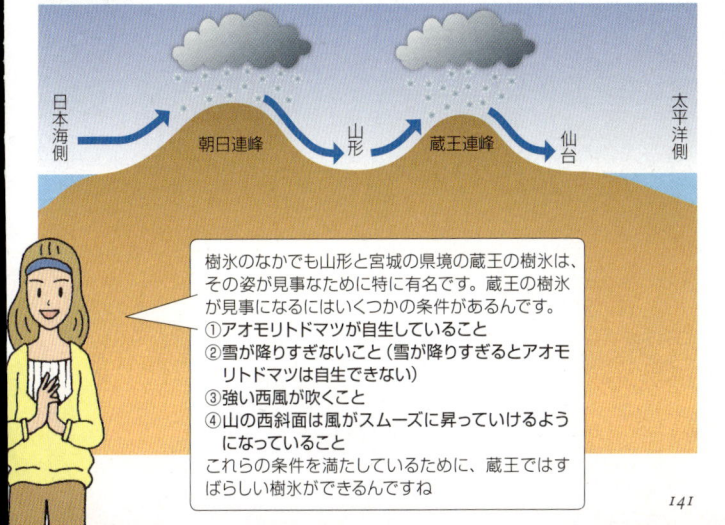

日本海側 → 朝日連峰 → 山形 → 蔵王連峰 → 仙台 太平洋側

樹氷のなかでも山形と宮城の県境の蔵王の樹氷は、その姿が見事なために特に有名です。蔵王の樹氷が見事になるにはいくつかの条件があるんです。
①アオモリトドマツが自生していること
②雪が降りすぎないこと（雪が降りすぎるとアオモリトドマツは自生できない）
③強い西風が吹くこと
④山の西斜面は風がスムーズに昇っていけるようになっていること
これらの条件を満たしているために、蔵王ではすばらしい樹氷ができるんですね

58 流氷はどこからくるんですか?

シベリアを流れるアムール川の河口で誕生し、冬の季節風に乗ってオホーツク海沿岸に接岸します

流氷とは、海上をただよう氷のことなので、北極や南極周辺でよく発生しているものです。1912年4月に北大西洋で当時の最新鋭豪華客船「タイタニック」と衝突し、沈没させた氷山も流氷の仲間です。

日本周辺では、北海道のオホーツク海沿岸で1月下旬から2月上旬にかけて接岸し、オホーツク海は氷に閉ざされますが、網走市が北緯44度にあることを考えると、オホーツク海の流氷は世

流氷が生まれるところと流れる経路

流氷におおわれる範囲

タタール海峡（間宮海峡）
オホーツク海
カムチャツカ半島
アムール川
サハリン（樺太）

宗谷海峡
対馬暖流
日本海
北海道
千島列島
太平洋

> 流氷は、シベリアの寒気に冷やされたアムール川の淡水が、河口の浅い海にたまって氷結するところから始まるんです。その後は風に流されて北海道にまでやってくるんですよ

第3章 **日本の気候** 編

界でもっとも低緯度な地方で見られるものです。

　オホーツク海の流氷は、シベリアの大河**アムール川**の河口でつくられています。冬のシベリアで冷やされたアムール川の水はオホーツク海にそそぐと同時に、その行く手をサハリン島（樺太島）にさえぎられます。そのため、アムール川から流れ込む淡水は、河口とサハリン島にはさまれた狭い海域にたまるため、その海域は周囲よりも塩分濃度が薄くなり、凍りやすくなります。

　凍る過程で塩分が取り除かれた流氷は、ユーラシア大陸とサハリンを分けるタタール海峡（間宮海峡）を埋めつくし、サハリンを囲むように成長していきます。タタール海峡を南下する流氷は、サハリンと北海道の間の宗谷海峡付近までくると、南からの暖流にぶつかるので、それ以上はあまり成長できませんが、タタール海峡を北上してオホーツク海に進出した流氷は、広くオホーツク海を埋めつくしていきます。

　そのなかには、季節風に押されるようにサハリン島の沿岸に沿って南下するものもあり、それがそのまま北海道のオホーツク海沿岸へ押し寄せるのです。

　流氷は、氷といっしょにアザラシやオジロワシなどを連れてきます。また、植物プランクトンも豊富に含んでいるので、流氷が去ったあとのオホーツク海の海産資源を豊かにすることにひと役買っています。

網走に接岸した流氷。流氷は豊富な植物プランクトンを運んでくるために、オホーツク海を豊かな海にするのに大きな役割を果たしている（写真：NipponiaNippon）

59 日本で雨の多い地域はどこですか?

鹿児島県の屋久島では平地で4000mm、山中では8000mm以上の雨が降ります

　日本では、夏は台風、冬は雪など、1年を通じてどこかで雨量が多くなっていますが、特に台風は日本の雨量を多くする大きな要因です。

　各地の年間降水量を比較すると、約1000～4000mm程度と大きな差がありますが、平均ではおよそ2000mmの降水量があります。世界の年間平均雨量が700～800mmであることと比べると、日本は雨の多い国といえます。それは、日本列島がその中央に2000～3000mの山脈をもっていることが大きな要因となっています。

年間降水量の多い県と少ない県ベスト10（2010年）

多い県			少ない県		
順位	県名	降水量（mm）	順位	県名	降水量（mm）
1	高知県	2547.5	1	長野県	932.7
2	宮崎県	2508.5	2	香川県	1082.3
3	石川県	2398.9	3	岡山県	1105.9
4	静岡県	2324.9	4	北海道	1106.5
5	富山県	2300.0	5	山梨県	1135.2
6	鹿児島県	2265.7	6	山形県	1163.0
7	福井県	2237.6	7	福島県	1166.0
8	沖縄県	2040.8	8	兵庫県	1216.2
9	熊本県	1985.8	9	群馬県	1248.5
10	鳥取県	1914.0	10	宮城県	1254.1

都市で見ても、東京の年間降水量は約1600mmですが、パリなど欧州の都市では600mm程度のものです。

　日本でもっとも降水量が多いのは紀伊半島や九州南部ですが、そのなかでも多いのは、鹿児島県の大隅半島から約60km南方にある屋久島です。屋久島には1000mを超える山がいくつもあり、もっとも高い宮之浦岳の標高は1936mもあります。大きな山塊が海から突きでているようなその形状は、海上を渡る湿った風をどの方向からも受けて雨が降りやすくなっています。

　その結果、屋久島では、沿岸部の年間降水量は4000mm程度ですが、山の上のほうでは8000～10000mmとなっています。こうした屋久島の様子は、「屋久島では月に35日は雨」といわれるほどです。

　なお、最近は日本周辺の海水温が高い傾向が続いているので、台風が勢力を弱めずにやってきます。そのため、1つの台風によって記録的な降水量となることもあり、災害が多発することが心配されています。

屋久島は2000m級の山々が海から突きでたようになっているために、どの方向からも風を受けるため、1年を通じて雨が降ります。その雨が有名な屋久杉などを育てるんですね

（写真：As6022014）

60 日本で雪の多い地域はどこですか？

山陰地方から北海道まで
日本海側では広い範囲で大量の雪が降ります

　冬の日本海側では、山陰地方から東北地方、北海道までの広い範囲で雪が降ります。

　日本でもっとも降雪量の多いところは、西から鳥取県の大山周辺、北陸地方の石川県・富山県の山間部、新潟県や群馬県北部、東北地方の各県、そして北海道です。

　日本で降る雪は、北海道を除くと、日本海上でたっぷりと水蒸気を吸収した低気圧がもたらすものなので、水分の多い湿った重

豪雪地帯に指定されている道県と積雪量（1981～2010年の平均値）

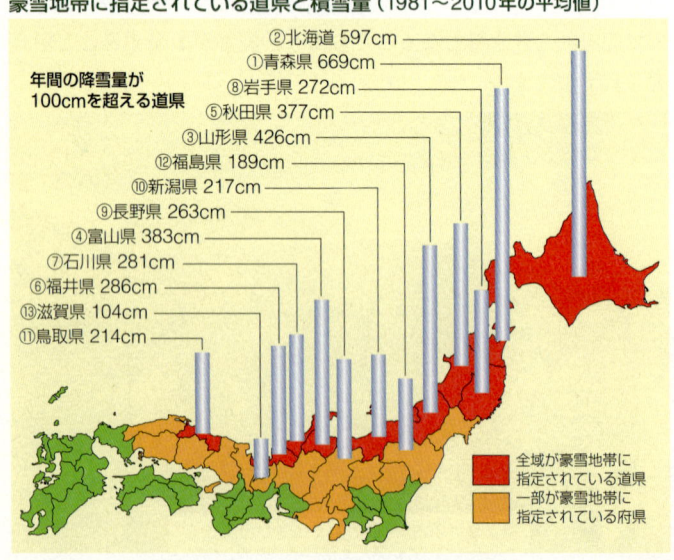

年間の降雪量が100cmを超える道県

- ②北海道 597cm
- ①青森県 669cm
- ⑧岩手県 272cm
- ⑤秋田県 377cm
- ③山形県 426cm
- ⑫福島県 189cm
- ⑩新潟県 217cm
- ⑨長野県 263cm
- ④富山県 383cm
- ⑦石川県 281cm
- ⑥福井県 286cm
- ⑬滋賀県 104cm
- ⑪鳥取県 214cm

■ 全域が豪雪地帯に指定されている道県
■ 一部が豪雪地帯に指定されている府県

い雪になります。そのため、屋根に積もった雪によってその家屋がつぶされてしまうというような被害も発生するため、雪国に住む人たちにとっては、雪下ろしが大切な日課となっています。そのほかにも除雪が欠かせません。

冬の間、雪に閉ざされる地方では、大量の降雪は人々の生活に大きな影響を与えるので、政府は「豪雪地帯対策特別措置法」によって豪雪地帯を指定し、円滑な市民生活がそこなわれることのないようにさまざまな施策を施す努力をしています。しかし近年、特に山間部などでは住民の高齢化による過疎化が進行しており、雪害ともいうべき大量の降雪が、過疎化をいっそう促進してしまうようなことも起こっています。

2011年末から2012年の3月には日本海側で記録的な降雪があり、例年の2～3倍の降雪量を記録しました。これによって全国の広い範囲でさまざまな被害が発生し、多くの自動車が国道上で立ち往生して雪に閉じ込められたり、新潟県では大きな山崩れによって家屋が倒壊したりしました。

しかし、大量の雪がもたらす水が、豪雪地帯を豊かな農業地帯にもしています。

記録的な降雪量のあった2012年には、北海道で鉄道の線路下の地盤が雪解け水によってゆるみ、土砂崩れが発生したりしました

61 日本で晴れる日の多い地域はどこですか？

温暖な気候が多い瀬戸内地方を中心とする西日本で晴天日数が多くなっています

　全国の都道府県の年間晴天日数は、およそ218日です。日本列島全域で1年の約60％は晴天になっていることになります。当然のことながら、日本海に面する地方よりも太平洋に面する地方のほうが晴天日数は多くなっています。

　これを地域別で見ると、瀬戸内海に面した山陽地方と四国が、晴天に恵まれたおだやかな陽気の日が多いようです。それに次いで、九州と関西地方で晴天率が高くなっています。全国でもっとも晴天日数の多い県は香川県で、年間250日を記録していますが、観測の方法を統一した厳密なデータによるものではないので、年

年間晴天日数の多い県と少ない県ベスト10（30年間平均）

\t\t多い県			\t\t少ない県		
順位	県名	晴天日数	順位	県名	晴天日数
1	香川県	249.5	1	秋田県	158.5
2	愛媛県	245.9	2	新潟県	168.7
2	徳島県	245.9	3	福井県	168.9
4	高知県	245.1	4	青森県	169.0
5	大分県	244.3	5	富山県	177.9
6	宮崎県	243.3	6	石川県	182.7
7	兵庫県	243.1	7	山形県	184.4
8	広島県	242.7	8	鳥取県	185.6
9	愛知県	241.7	9	島根県	192.1
10	和歌山県	240.5	10	滋賀県	192.9

によって高知県であったり、山梨県であったりします。

しかし、一般的には、西日本と比較すると、東日本では晴天日数が少なくなっています。もちろん、冬、雪におおわれる日本海側では、その傾向は一段と鮮明になっています。

北海道は全域が豪雪地帯に指定されていますが、面積が広いため、地域によってその天候には大きなばらつきがあります。特に網走市や紋別市周辺を中心とする道東の年間降水量は、全国でもっとも少ない700～800mm程度です。降水量の少なさが晴天日数の多さと直接つながるものではありませんが、厳しい寒気に襲われる冬でも、降雪のない日が多くなっています。

晴天日数が多いということは雨が少ないということでもあり、四国や九州では夏にダムの水が涸れるなど、渇水対策に頭を悩ませるという問題にも直面しています。また、甲子園球場で行われる春と夏の高校野球大会では、晴天日数の多い西日本の高校のほうが多くの練習時間を取れるということなのか、優勝回数が多くなっています。

晴天日の多い四国地方の中でもいちばん晴天日の多い香川県の高松市。瀬戸内海に面した香川県ではその気候を利用して、昔から塩の生産が盛んなんですよ

(写真：Toto-tarou)

62 天気は農業にどんな影響を与えますか?

農業にとって気象がきわめて重要なことは、人類が農業を始めて以来変わりません

　気象は、農業に対して決定的に重要な影響力をもっています。全国の農家の最大の関心事は、翌日の天候と気温であるといっても過言ではありません。作付けから収穫までに長い時間を要する農業では、天候の変化が予想される範囲内であれば問題ありませんが、予想と大きく違った場合の結果は重大です。

　日本で農業気象学が始まったのは明治時代にさかのぼります。それまで日本の農業でもっとも大きな被害が発生するのは、東北地方の冷害でした。冷害の被害を減らすための研究から始まった農業気象学は、その後大きく研究範囲を広げ、現在では**日本農業気象学会**として積極的な活動を展開しています。

　東北地方の冷害を見るまでもなく、これまで農業と気象の関係で大きな問題となるのは、低温による農産物の発育不足でした。春の遅霜、秋の早霜など、それはこれからも重大な問題ですが、最近では地球の温暖化の影響なのか、さまざまな異常気象にほんろうされることも多くなっています。

　たとえば、最近は台風が大型化する傾向が見られます。大型化した台風は、これまで経験したことのないような降水量や風力でやってきます。それは台風にかぎらず、ふつうの低気圧でも起こるようになってきました。そのために畑が水没して収穫が困難になってしまったり、収穫前のリンゴが大量に落下してしまったり、あるいは各地でビニールハウスが飛ばされてしまうというような

被害が発生しています。

　天候が不順で、山で木の実が十分に生育できなかったため、シカやサル、あるいはクマが人里へ降りてきて、畑の作物を荒らす被害も最近よく発生している問題です。

農業と天気にまつわることわざ

- 朝霧は晴れ
- 朝、クモの巣がかかっていると天気がよくなる
- 朝雨は晴れることが多い
- 秋の夕焼け鎌を研げ
- 天の川に雲なければそれから10日は雨がない
- 雷がはげしく鳴るときはのち晴れ
- 煙がたなびけば天気が悪い、まっすぐ上れば天気よし
- 煙が東にたなびけば晴れる
- 夏の入道雲は晴れ
- 春は海から、秋は山から
- 日没後西方に雲なきはあす晴天
- フクロウの宵鳴き、糊すって待て
- 秋の夜冴えは雨となる
- 朝焼けは三日ともたぬ
- アマガエルが鳴くと雨
- 蟻の行列、雨予報
- カニが縁の下に入ると雨になる
- カエルが家の中に入ったり、木に登ると大雨
- 雲の早く走るときは天気が悪くなる
- 煙が外へでないときは雨
- 鯉が飛び跳ねると雨になる
- 魚が水面にでて呼吸していると雨になる
- 蛇が木に登ると雨が降る
- つばめが低く飛ぶと雨が近い
- 月の輪は雨を呼ぶ
- 羽アリが多くでると雨が近い
- 三日月が平らなときは雨が多い
- 夕日が暑れば明日は雨
- 女の腕まくりと春の雪はたまげたものではない
- 吹雪の強い日に、雪が玉となってころがる年は豊作
- 冬、山に霧多きは大雪の兆
- 1、2月降雪なければ晩霜多し
- 梅の花上向きに咲く年は晩霜あり
- 星が繁くまたたくと風が強くなる
- 虫が低く飛ぶのは風の兆
- 春の東風、石仏もやせる
- 青い夕焼けは大風となる
- 東が曇れば風となり、西が曇れば雪となる
- 朝雷は川越すな
- 地震のある前は無風で蒸し暑く、特に西焼けがはなはだしい
- 大根の根が長い年は寒い
- ウンカは台風の連れ子
- 麦の刈り取り三日なし
- 冬期井戸水が枯れるとその年は干害あり
- 竹の実のなる年は凶年
- 暑さ、寒さも彼岸まで
- 若葉冷え
- 1日の雨に飽けども100日の照りに飽かぬ
- 梅雨のあがりの雷
- 五月節句は降るがよい
- 秋の稲妻千石増す

63 日本の気候と再生可能エネルギーの関係は？

日本では太陽光や風力発電よりも
小規模水力と地熱発電を活用するべきです

　東日本大震災とそれによって引き起こされた巨大津波によって、福島第一原子力発電所が大きな被害を受け、放射能が漏れだすという事故が発生して以来、原子力発電に頼らない発電方法として、再生可能エネルギーによる発電が大きな関心を呼んでいます。

　そのなかで、もっともよく知られているのが**太陽光発電**でしょう。太陽電池パネルを設置して日射から発電しようというもので、一般家庭の屋根に設置したりビルの屋上に設置し、自家消費する電力を発電しようとします。

　次いで話題になるのが**風力発電**でしょう。海岸や海上に、あるいは山の稜線に大きな風車をたくさん設置して発電しようというものです。太陽光発電が日中しか有効でないのに対して、風力発

アイスランドの首都レイキャビク近郊にある地熱発電所。日本と同様に火山国であるアイスランドではすでに地熱発電が盛んに利用されている　　（写真：Gretar Ívarsson）

電は24時間発電できます。

　海外の例を見ると、ドイツやスペインでは太陽光発電が積極的に利用されています。アメリカでも中西部の砂漠地帯で大規模な発電が行われています。風力発電では北欧諸国やオランダが積極的に取り組んでいます。

　どちらの発電方法も天候が安定していることが大切です。雨や曇りの多いところでは太陽光発電は不向きでしょう。風力発電には、常に一定の風が吹き続けていることが大切です。この点から日本の気候を見ると、日本の気候は変化が激しすぎるように見えます。そのために、私たちは太陽光発電と風力発電に大きな期待を抱くことは難しいように思えます。

　日本では、国立公園の維持管理などについて定めた自然公園法との調整が必要ですが、**地熱発電**はおおいに期待されるべきでしょう。地震大国日本は温泉大国日本でもあり、温泉のあるところ地熱発電が行える可能性があります。また、急峻な日本の河川は水力発電に向いています。降水量も多いため、小規模な水力発電はおおいに利用すべきでしょう。

> 長野県松本市で実証実験が行われている波田水車です。農業用水に流れる豊富な水量を生かそうという地元の発案でつくられたんです

（写真：Qurren）

もっとも重要なポイントは電力貯蔵技術の開発

　再生可能エネルギーの最大の問題点は、その発電量が一定しない、予定できないという点にあります。ということは、それに対する不安を解消することができれば、再生可能エネルギーは十分利用可能なエネルギーになるのです。

　そのために注目されるのが、発電した電力を貯蔵する技術です。夜間など電力の使用量が少ないときに発電された電力を、日中の使用量の多いときに使えるように貯えておくことができれば、再生可能エネルギーに対する不安はなくなります。そのために有効と思われるのが、**揚水発電（ようすいはつでん）**と**高性能蓄電池**の開発です。

　揚水発電とは、山の上と下に貯水池をつくり、夜間の余剰電力で水をくみ上げ、日中は上から下へ水を流して発電しようというもので、日本のような山の多いところではその有効性が期待されています。

　高性能蓄電池といえば、リチウムイオン電池が実用化されています。このリチウムイオン電池を誰でも気軽に使えるような安価なものにできれば、再生可能エネルギーは急速に普及するはずで、関係した企業がその技術開発にしのぎを削っています。

揚水発電の仕組み

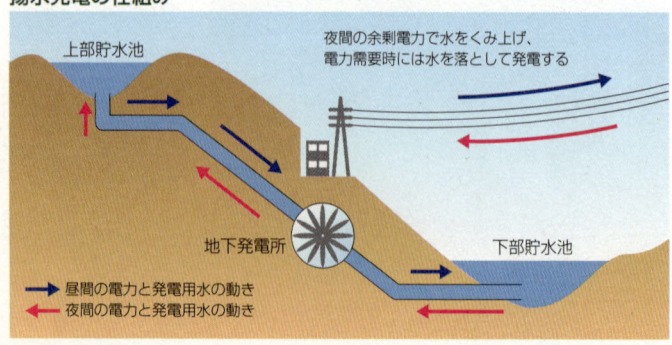

夜間の余剰電力で水をくみ上げ、電力需要時には水を落として発電する

- 上部貯水池
- 地下発電所
- 下部貯水池
- → 昼間の電力と発電用水の動き
- ← 夜間の電力と発電用水の動き

気象現象 編

4

私たちの周りには
さまざまな気象現象があふれています。
美しいものやめずらしいもの、
恐ろしいものや不思議なものなどなど。
それらの仕組みを知ると、
地球の不思議が見えてきます。

64 虹はどうやってできるんですか？

雨上がりの空に射し込む太陽光が、まだ残っている雨粒に反射してできるのが虹です

雨が上がって太陽が顔をだし日が射し始めるとき、虹が見えることがあります。ということは、虹の発生には太陽光が関係していることがわかります。

虹は、雨が上がりながらもまだ弱い雨が降っている、あるいはまだ晴れきらずに雲が残っているときにできます。観察者が太陽を背にし、観察者の後ろから射し込む太陽光が、観察者の正面に広がる弱い雨や雲の中の水滴に反射して見えるのが、虹です。

虹の仕組み

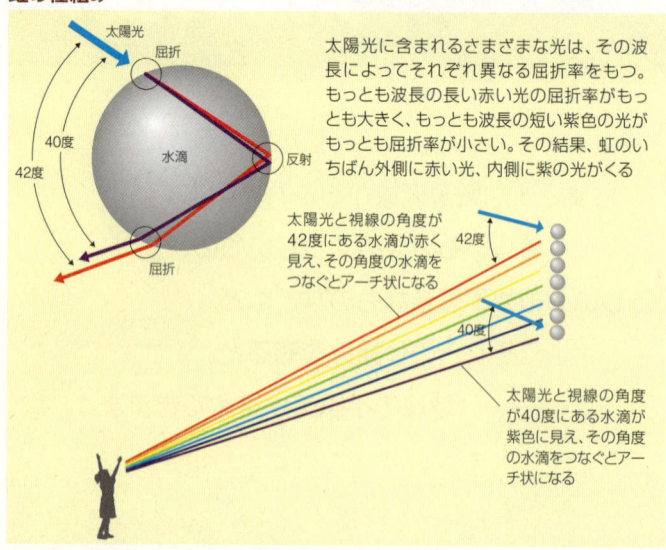

太陽光に含まれるさまざまな光は、その波長によってそれぞれ異なる屈折率をもつ。もっとも波長の長い赤い光の屈折率がもっとも大きく、もっとも波長の短い紫色の光がもっとも屈折率が小さい。その結果、虹のいちばん外側に赤い光、内側に紫の光がくる

太陽光と視線の角度が42度にある水滴が赤く見え、その角度の水滴をつなぐとアーチ状になる

太陽光と視線の角度が40度にある水滴が紫色に見え、その角度の水滴をつなぐとアーチ状になる

第4章 気象現象 編

　太陽光は透明ですが、プリズムを通してみると、**虹の七色**（赤・橙・黄・緑・青・藍・紫）に分かれることがわかります。太陽光は本来これらの色をもっているのですが、すべてが混ざって透明に見えているのです。雲の中で太陽光を反射する水滴は、このプリズムと同じ作用をしています。

　水滴に進入した太陽光は屈折して水滴の内側に曲がりますが、内壁に反射したのち、ふたたび屈折しながらでてきます。このとき赤い光は、太陽光の進入角に対して42度の角度で反射されます。同じく紫色の光は40度で反射されます。すべての色は40度から42度の間の角度で反射していますが、観察者はそれぞれの角度で反射された光を見ているのです。それが虹の正体です。

　虹は、太陽光の反射によってできるわけですから、かならず太陽と観察者を結ぶ直線上に現れます。観察者は、前後左右に移動しても虹を見続けることができますが、それは同じ虹を見ているわけではなく、常に異なった虹を見ているのです。また虹は、かならず40度から42度の角度をもっているため、虹を追いかけても追いつくことはできません。

アラスカで見られた見事な虹です。正面の雲にはまだたっぷりと水蒸気があるので、虹ができるんですね。雲が上がると虹も自然に消えていきますよ

（写真：Eric Rolph）

65 ブロッケン現象ってなんですか?

高い山に登ったときなどに、雲や霧に浮かぶ自分の影の周りにできる光輪です

　ブロッケン現象とは、高い山などに登ったときに背後から射す太陽光が、自分の影の周りに丸く虹のような光の輪をつくりだす現象のことです。人間ばかりではなく、高空を飛ぶ飛行機でも、雲にできた飛行機の影の周りにブロッケン現象が生じることもあります。ちなみに、ブロッケンとはブロッケン現象がよく観察されるドイツ中部にあるブロッケン山から名づけられました。

　非常に神秘的な現象でもあることから、日本ではかつては信仰の対象とされ、ブロッケン現象を体験するために高山を目指す信仰登山が行われていました。山岳信仰の対象となった山は各地に

神奈川県の丹沢山中で遭遇したブロッケン現象。かならず観察者を中心とした環状の光輪として現れる。かつてはご来迎と呼ばれ、信仰の対象となっていた (写真:Σ64)

たくさん残されているばかりでなく、現在でも多くの信者を集めています。ブロッケン現象は、日本ではご来迎（らいこう）と呼ばれましたが、仏像の背後に描かれる光輪は、ブロッケン現象を表したご来迎なのではないかと思われます。

　ブロッケン現象は、虹と同じように雲や霧の中の水滴が太陽光を受けてつくられるものですが、虹の原因となる水滴よりもはるかに小さな水滴によってつくられます。ブロッケン現象では、水滴に入った太陽光は180度反転して、入射した方向と同じ方向に反射しています。その仕組みは、虹の場合とは異なって思いのほか複雑で、光の後方散乱の作用もわずかながらありますが、多くは光のトンネリングと呼ばれる現象によって発生しているものなのです。

　トンネリングとは、水滴に当たらずにすぐそばを通過した光から水滴にエネルギーが与えられ、水滴の内壁に反射してぐるぐると回転し、光のやってきた方向へ飛びだしていくという、不思議な現象です。

光のトンネリング現象

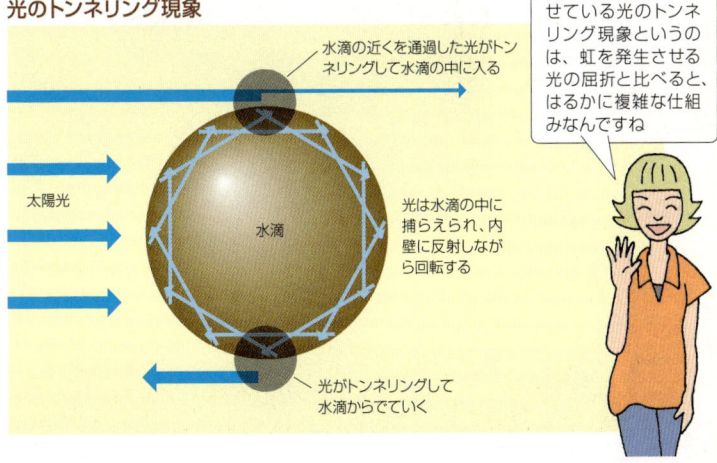

- 水滴の近くを通過した光がトンネリングして水滴の中に入る
- 太陽光
- 水滴
- 光は水滴の中に捕らえられ、内壁に反射しながら回転する
- 光がトンネリングして水滴からでていく

> ブロッケンを発生させている光のトンネリング現象というのは、虹を発生させる光の屈折と比べると、はるかに複雑な仕組みなんですね

66 竜巻はどうして起きるんですか？

巨大な積乱雲によって発生した上昇気流の中で発生した渦が大きく成長して竜巻になります

　2012年5月6日、茨城県と栃木県で複数の強い竜巻が同時発生し、大きな被害をもたらしました。これにかぎらず、最近では日本でも竜巻の発生が多く観測されるようになってきましたが、世界でもっともひんぱんに竜巻の発生が観測されているのはアメリカです。アメリカの中部は、西側をロッキー山脈にふさがれたようになっており、そこへ北からの冷たい空気とメキシコ湾から暖かな空気が流れ込むため、大気の状態が不安定になりやすいという特性があります。不安定な大気によってつくられる巨大な積乱雲（スーパーセル）は、その中に上昇気流と下降気流の2つをとも

> 2007年にカナダで発生した、これまでに観測されたもののなかでも最大級の竜巻です。地上に接している面積は狭く、方向も安定しないので、その発生や進路を正確に予想することは困難なんです

（写真：Justin Hobson）

なうため、なかなかその勢力が衰えません。また、2つの気流はどちらも強力なものです。

その強力な上昇気流の中では、風速や風向きが異なるさまざまな気流が流れているために、小さな気流の渦がたくさん発生します。その小さな渦の中で、大きな渦に成長していったものが竜巻であると考えられています。

当初、積乱雲の中にできた竜巻は成長するにしたがって、その漏斗状の雲を下に伸ばしていきますが、その先端が地上や海上に到達すると、大きな被害をもたらします。しかし、竜巻はその半径が数十メートルで、大きなものでも数キロメートルと小さく、また短時間で消滅してしまうために、その誕生から消滅までをしっかりと観測し予報することは非常に困難です。

半径が小さいため、被害を受ける範囲は局所的なものになりますが、中心の風速は秒速100m以上と、台風よりもはるかに強力で気圧も低くなるため、地上の建造物は破壊され空中に飛ばされてしまうなど、壊滅的な被害を残していきます。

竜巻の強さを表す改良型藤田スケール

階級	風速 (m/s)	想定される被害
EF0	29〜38	軽微な被害。屋根がはがされたり、木の枝が折れたり、根の浅い木が倒れたりする。被害報告のないものはこの階級に区分される
EF1	39〜49	中程度の被害。屋根はひどく飛ばされ、玄関のドアがなくなったり、窓などのガラスが割れたりする
EF2	50〜60	大きな被害。建てつけのよい家でも屋根と壁が吹き飛び、木造家屋は基礎から動き、大木でも折れたり根から倒れたりする
EF3	61〜74	重大な被害。建てつけのよい家も破壊され、頑丈な建物も深刻な損害をこうむる。吹き飛ばされた木々が空から降ってきたり、重い車も地面から浮いて飛んだりする。基礎の弱い建造物は飛んでいく
EF4	75〜89	壊滅的な被害。建てつけのよい家やすべての木造家屋は完全に破壊される。車は軽々と飛ばされる
EF5	>90	ありえないほどの激甚な被害。強固な建造物も基礎から壊され、自動車などが100m以上高く飛んでいき、鉄筋コンクリート製の建造物にもひどい損害が生じ、高層建築物も構造が大きく変形するなど、信じられないような現象が発生する

67 スーパーセルってなんですか？

巨大に発達した積乱雲で、雨ばかりでなく、雷、ひょう、竜巻などを発生させます

　強い雨を降らせる雲として警戒される積乱雲ですが、積乱雲がさらに強く発達する場合、その発達の仕方によって**マルチセル型積乱雲**と**スーパーセル型積乱雲**の2つに分類されます。

　マルチセル型積乱雲とは、積乱雲が誕生してから衰弱し消えていくまでが、順序よく並んで行われていくものです。誕生した積乱雲が成長し成熟していくとき、成熟期の積乱雲の中に下降気流が発生します。その下降気流が、成熟期と並んだ衰弱期の積乱雲の下降気流と合わさって冷えた強い風となり、地表にぶつかったのち、水平方向へ流れます。この風を**ガストフロント**と呼びます

マルチセル型積乱雲の仕組み

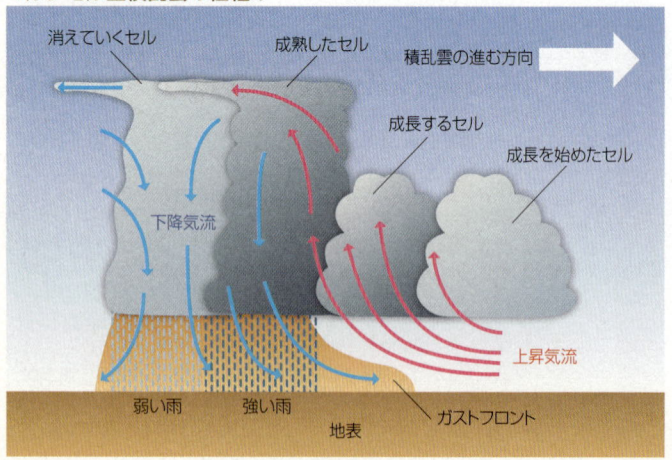

消えていくセル　　成熟したセル　　積乱雲の進む方向
　　　　　　　　　　　　　　成長するセル
　　　　　　　　　　　　　　　　　　成長を始めたセル
下降気流
　　　　　　　　　　　　　　　　　　上昇気流
弱い雨　強い雨　　　　　ガストフロント
　　　　　地表

が、ガストフロントが積乱雲の誕生を促進させるために、マルチセルは積乱雲の誕生から消滅の循環を繰り返すので、その寿命は通常の積乱雲より長いのです。

マルチセル型積乱雲がいくつかの積乱雲の集まりであるのに対して、スーパーセル型積乱雲は、1つの積乱雲のかたまりです。1つの積乱雲の中に上昇気流と下降気流が場所を分けて存在します。上昇気流の中で誕生した氷晶の多くは下降気流に捕らえられて落下していくため、上昇気流は氷晶の落下によって発生する下降気流に弱められることがなく、成長を続けていきます。そのため、マルチセルと同様に通常の積乱雲よりも寿命が長くなります。

スーパーセルの発生させる上昇気流と下降気流は非常に強烈なため、雷、ひょう、竜巻などを発生させます。通常であれば溶けて雨に変わるひょうも、強い下降気流によって氷のまま地上へ届いてしまうのです。また、秒速100mにも達する上昇気流が竜巻を発生させるのです。

スーパーセル型積乱雲の仕組み

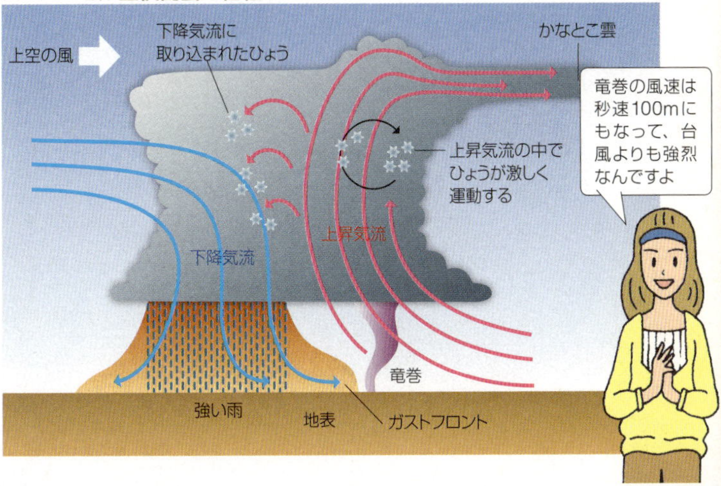
上空の風
下降気流に
取り込まれたひょう
かなとこ雲
上昇気流の中で
ひょうが激しく
運動する
上昇気流
下降気流
竜巻
強い雨
地表
ガストフロント
竜巻の風速は
秒速100mに
もなって、台
風よりも強烈
なんですよ

68 白夜ってどうやって起きるんですか？

地球の自転軸が約23度傾いているため、極地方では1日中太陽が沈まないところができるのです

　地球はその自転軸が太陽を回る公転面に対して、23.4度傾いています。そのために、南北の両極付近では、夏と冬で太陽の現れ方に大きな違いが起こります。

　多くの人が暮らしている北極付近で見ると、北緯66.6度以上の北極圏では、5月末から7月末の夏至をはさむ2カ月間、太陽が24時間地平線の下に沈むことがありません。そのため、真夜中でも薄明るくて暗くなることがありません。白夜はスカンジナビア半島の北欧諸国やロシア北部、カナダ北部やアラスカで体験することができます。

白夜の仕組み

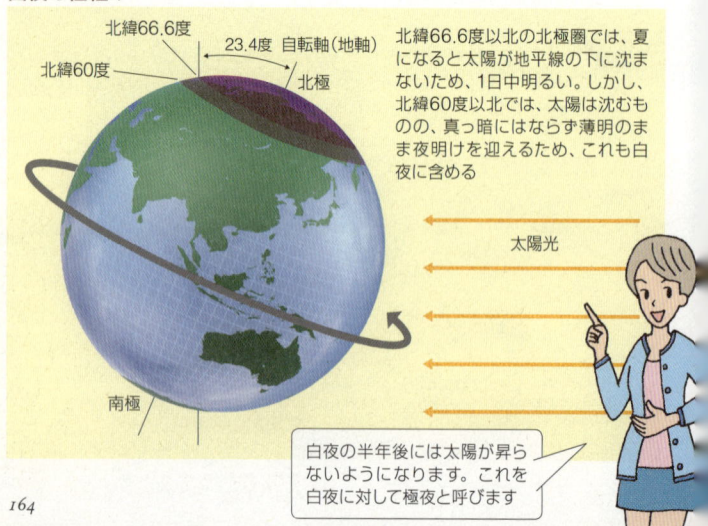

北緯66.6度
北緯60度
23.4度　自転軸（地軸）
北極
南極
太陽光

北緯66.6度以北の北極圏では、夏になると太陽が地平線の下に沈まないため、1日中明るい。しかし、北緯60度以北では、太陽は沈むものの、真っ暗にはならず薄明のまま夜明けを迎えるため、これも白夜に含める

白夜の半年後には太陽が昇らないようになります。これを白夜に対して極夜と呼びます

北緯67度まで北上しなくても、北緯60度以北の地方では、太陽の沈み方が浅いので、真夜中でも真っ暗にはなりませんが、それも白夜としています。

　夏の、太陽が沈まない白夜が起こる地方では、冬には極夜と呼ばれる太陽が昇らない時期があります。極夜は白夜とまったく逆の現象ですから、北半球では11月末から1月末の、冬至をはさむ2カ月間に起こります。

　極夜の時期は、太陽にじゃまされずに天体観測などを行うことができるいい時期ですが、極地方で見られるオーロラも、もっともよく観察する絶好の機会です。

　北極地方で起こることは南極地方でも起こっていますが、南極圏は南極大陸と南極海が大半を占めているため、そこで暮らす人が南極観測隊員などきわめて少ないので、なかなか一般の人は白夜や極夜、オーロラを体験することができません。

ヨーロッパ最北部、北緯71度にあるノルウェーのノールカップ岬で6月の午前0時に見る白夜。7月の末まで太陽は沈むことがない（写真：Yan Zhang）

69 オーロラはどうやってできるんですか？

太陽風が運んできたプラズマが、地球の極地方で大気と衝突して発光するのがオーロラです

　オーロラは、高度100km以上の高空で大気がカーテン状に発光する大気現象です。気象とは、高度10〜15kmの対流圏界面までの対流圏で流動する大気が起こす現象ですから、オーロラは気象現象ではありません。しかし、オーロラの出現する高度が判明するまでは、神秘的な気象現象であると考えられてきました。

　現在、オーロラが発生する仕組みはほぼ解明されていて、太陽と地球の磁場によって発生することがわかっています。

　太陽からは常に大量の太陽風が吹きつけています。太陽風とは、太陽の強烈なエネルギーによって、水素などの原子が原子核

オーロラの仕組み

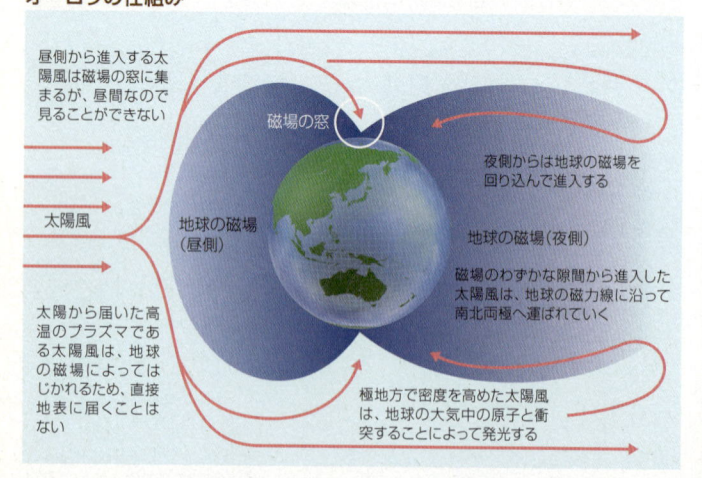

昼側から進入する太陽風は磁場の窓に集まるが、昼間なので見ることができない

磁場の窓

太陽風

地球の磁場（昼側）

夜側からは地球の磁場を回り込んで進入する

地球の磁場（夜側）

磁場のわずかな隙間から進入した太陽風は、地球の磁力線に沿って南北両極へ運ばれていく

太陽から届いた高温のプラズマである太陽風は、地球の磁場によってはじかれるため、直接地表に届くことはない

極地方で密度を高めた太陽風は、地球の大気中の原子と衝突することによって発光する

と電子にバラバラにされ、それぞれが電荷を帯びて飛ばされたもの（プラズマ）です。地球には磁場があるためそれがバリアとなり、宇宙を飛びかう放射線などは地表にとどきませんが、磁場にはじかれた太陽風は、地球の磁気圏に沿って地球の夜側へ流されます。地球の磁場は太陽風に流されて夜側へ長く尾を引くように流れていますが、その中にプラズマシートと呼ばれる領域ができます。太陽から飛んできたプラズマのなかには、そのプラズマシートに入り込んでくるものもあり、そのプラズマはプラズマシートの中を地球に吸い寄せられるように動きます。

　地球の磁場は南北の磁極に収束するので、プラズマも磁極に吸い寄せられていき、そこで地球の大気中の酸素や窒素原子と衝突して発光するのです。

　オーロラは磁極へ達するまでにそれらの原子と衝突するので、磁極から少し離れた緯度70度付近で見ることができ、この近辺をオーロラベルトと呼びます。

（写真：U.S. Air Force）

アラスカで観測されたオーロラです。カーテンがゆらめくように動きます。オーロラは磁極の周りをぐるっと1周しているんです

70 台風・サイクロン・ハリケーンの違いはなんですか？

どれも同じ熱帯低気圧ですが、発生する場所によって呼び方が異なります

　台風、サイクロン、ハリケーンは、どれも同じ熱帯低気圧のことですが、発生する場所によって呼び方が異なっています。

　台風は北半球の太平洋西部で発生し、東南アジアから日本周辺へ西進し、北上してくるものを指しています。日本で台風といわれる熱帯低気圧は、海外でもタイフーン（Typhoon）と英語で表され、使われています。

　サイクロンとは、おもにインド洋の南北両半球の赤道周辺で発生する熱帯低気圧を指しています。また、太平洋では、南半球のオーストラリアの東の海域で発生するものもサイクロンと呼んでいます。

　インド洋の北半球で発生するサイクロンは、バングラデシュや

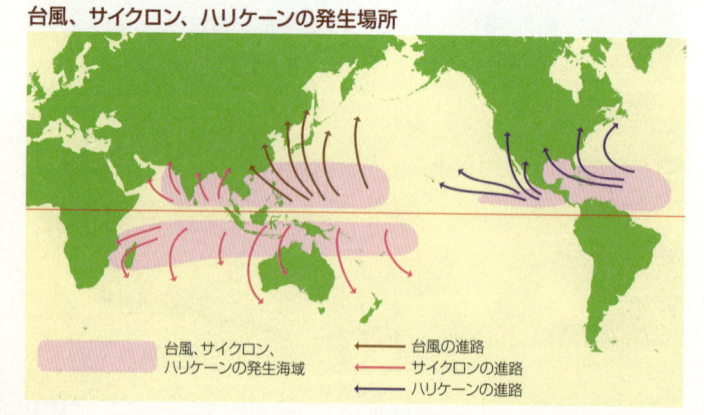

台風、サイクロン、ハリケーンの発生場所

台風、サイクロン、ハリケーンの発生海域
- 台風の進路
- サイクロンの進路
- ハリケーンの進路

ミャンマーなどの東南アジア諸国やインド、パキスタンなどに大きな被害を与えることが多いですが、南半球で発生するものはその南方に陸がないため、付近を航行する船舶を除けば、人に被害をもたらすことは少ないようです。

一方、北半球の大西洋の赤道周辺と太平洋の東方で発生するのがハリケーンです。太平洋側で発生するハリケーンは陸から離れるように進んでいくのであまり問題はありませんが、大西洋側で発生するハリケーンはカリブ海諸国やアメリカの南部地方、大西洋岸に大きな被害をもたらすことが多くあります。

赤道周辺でありながら、南半球の大西洋のアフリカ西岸部と南米大陸では、ハリケーンなどが発生することはありません。それは、これらの地方では南極海からの冷たい海流が北上してくるために海水温が低く、そのほかの地域のような熱帯低気圧を発生させることができないためです。

観測衛星から見たハリケーンです。このハリケーンは2003年9月にアメリカの大西洋沿岸に大きな被害をもたらしました

(写真:NASA)

71 エルニーニョ現象ってなんですか?

太平洋赤道付近の高海水温域が東にずれると日本などの気象が大きな影響を受ける現象です

　エルニーニョとは、スペイン語で「男の子」を意味する言葉です。それはイエス・キリストを指す言葉でもありますが、南米のペルーとエクアドル周辺の海域では、毎年12月になると海水温が上昇する傾向があり、それを指してエルニーニョと呼んでいました。それは、数年に一度大規模なものになり、太平洋全域へ影響をおよぼしていることが判明してくるにつれて、**エルニーニョ現象**として一般に知られるようになりました。

　エルニーニョ現象は、赤道付近で東から西に流れる貿易風が弱まることが引き金になって発生します。貿易風が弱まると、従来なら太平洋西部へ押されてくる暖かな海水が西へ移動することな

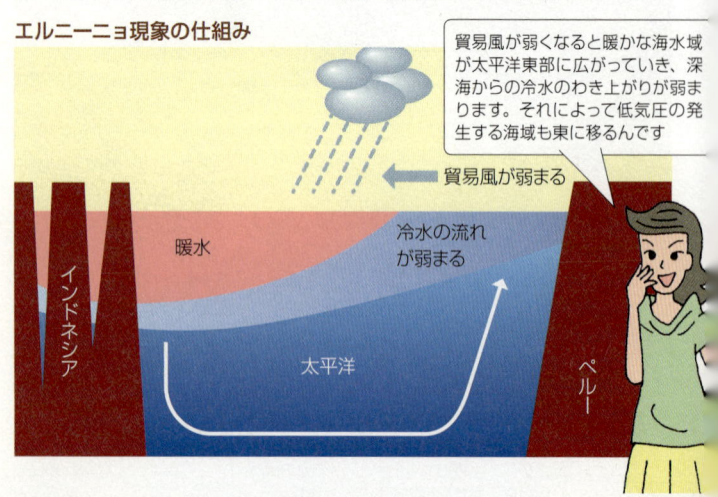

エルニーニョ現象の仕組み

貿易風が弱くなると暖かな海水域が太平洋東部に広がっていき、深海からの冷水のわき上がりが弱まります。それによって低気圧の発生する海域も東に移るんです

貿易風が弱まる

暖水　　　　　　冷水の流れが弱まる

インドネシア　　太平洋　　ペルー

く、太平洋東部にとどまってしまうため、太平洋高気圧も従来よりも東に発生するようになります。そのため、夏に日本をおおうはずの太平洋高気圧が東にずれてしまい、梅雨が長引き冷たい夏になってしまう傾向があります。そしてそれは、冬になると西高東低の気圧配置を安定させないため、暖冬傾向になります。

エルニーニョ現象によって赤道周辺の高海水温域が東にずれると、西太平洋のインドネシア付近では、海水が深海にもぐり込まなくなります。通常なら、西へ押されてきた暖かい海水がインドネシアの島々にぶつかって下に沈んでいき、もぐり込んだ海水が深海の冷たい海水を東へ押していき、南米西岸のペルー沖に湧昇流となって現れ、イワシなど豊富な漁業資源をもたらすのですが、それがストップしてしまうため、ペルーなどの沿岸漁業は大きな被害をこうむることになります。

いったん発生すると、1〜2年続いてしまう傾向があるエルニーニョ現象ですが、その根本的な原因はまだ不明です。

エルニーニョ現象発生時の日本の気温

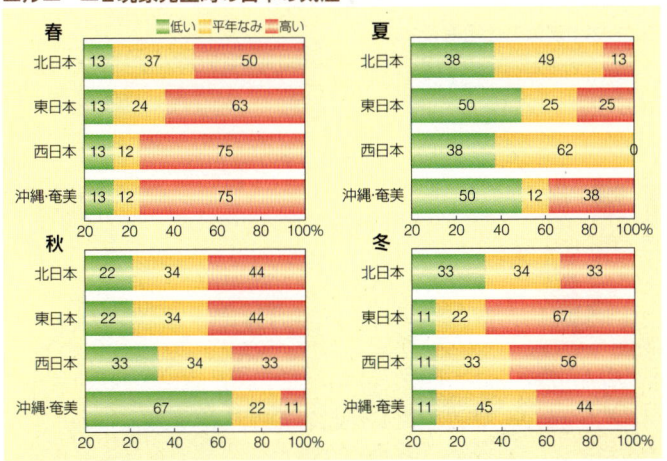

春 (低い／平年なみ／高い)

	低い	平年なみ	高い
北日本	13	37	50
東日本	13	24	63
西日本	13	12	75
沖縄・奄美	13	12	75

夏

	低い	平年なみ	高い
北日本	38	49	13
東日本	50	25	25
西日本	38	62	0
沖縄・奄美	50	12	38

秋

	低い	平年なみ	高い
北日本	22	34	44
東日本	22	34	44
西日本	33	34	33
沖縄・奄美	67	22	11

冬

	低い	平年なみ	高い
北日本	33	34	33
東日本	11	22	67
西日本	11	33	56
沖縄・奄美	11	45	44

72 ラニーニャ現象ってなんですか?

エルニーニョ現象と逆の現象で、日本では夏が暑く、冬が寒くなります

　エルニーニョ現象と逆なのが**ラニーニャ現象**です。ラニーニャとは、スペイン語で「女の子」という意味ですが、「男の子」であるエルニーニョに対する呼称として呼ばれ始めました。

　ラニーニャ現象は、エルニーニョ現象とは逆に、赤道付近の貿易風が通常よりも強まったときに発生します。貿易風に押された暖かな海水がインドネシア周辺の西太平洋に通常よりも多く集められるため、島々にぶつかった海水は従来よりも勢いよく下に潜っていきます。すると、深海にある冷たい海水はより強く東に向かって押されるため、南米のペルーなどの沖に強い湧昇流となってわき上がります。

ラニーニャ現象の仕組み

貿易風が強くなると暖かな海水は西へ押されてインドネシアにぶつかり、下に潜っていきます。そのため、深海の冷水を押す力が強まり、ペルー沿岸から西へ広く冷水の海域が広がるため、低気圧の発生する海域も西方にずれます

貿易風が強まる

暖水　　　冷水の流れが強まる

インドネシア　　太平洋　　ペルー

ラニーニャ現象によって、太平洋高気圧は通常よりも西に発生するため、日本周辺にもその勢力を大きく延ばします。そのために日本では、梅雨が早まり、また空梅雨だったり短期間で終わる傾向があります。その後、暑い夏が長引くことになります。また、高気圧が西寄りになるため、冬の西高東低の気圧配置が日本周辺で強いものになりがちで、寒い冬をもたらすことになります。

　ペルー沿岸などでは、エルニーニョ現象によって漁獲量が減少したのとは対照的に、ラニーニャ現象によってイワシなどの漁獲量が増えます。

　最近ではさまざまな異常気象の発生が報告されており、それらの原因として地球の温暖化が指摘されることも多くなっています。ラニーニャ現象やエルニーニョ現象も異常気象の1つですが、これは、以前から起こっていた現象が観測技術や機器が発達したことによってその発生が知られるようになったもので、地球の温暖化によるものとは考えられていません。

ラニーニャ現象発生時の日本の気温

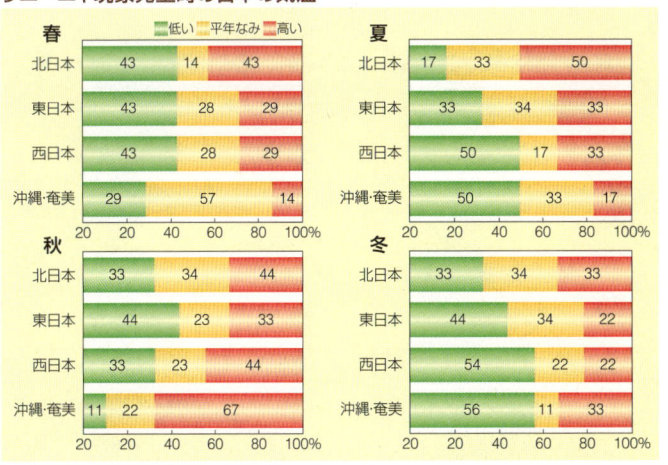

春

	低い	平年なみ	高い
北日本	43	14	43
東日本	43	28	29
西日本	43	28	29
沖縄・奄美	29	57	14

夏

	低い	平年なみ	高い
北日本	17	33	50
東日本	33	34	33
西日本	50	17	33
沖縄・奄美	50	33	17

秋

	低い	平年なみ	高い
北日本	33	34	44
東日本	44	23	33
西日本	33	23	44
沖縄・奄美	11	22	67

冬

	低い	平年なみ	高い
北日本	33	34	33
東日本	44	34	22
西日本	54	22	22
沖縄・奄美	56	11	33

73 貿易風ってなんですか？

赤道周辺で東から西へ向かって常に吹いている風で、帆船時代から利用されています

　エルニーニョ現象とラニーニャ現象を説明したときに登場した貿易風ですが、この風は赤道周辺で常に東から西へ吹いている風です。

　大気の循環（→P12）で見たように、赤道周辺は太陽からの熱をもっとも多く受けるところです。北半球の場合、太陽光によって暖められた空気は上昇していき、対流圏界面まで達すると北上し、北緯30度付近で偏西風に出合うと北上が妨げられるため、下降気流となります。海面や地表面へ達したその風は、南下してふたたび赤道周辺へ戻っていきますが、このときコリオリ力の影響を

コロンブスのたどった航路

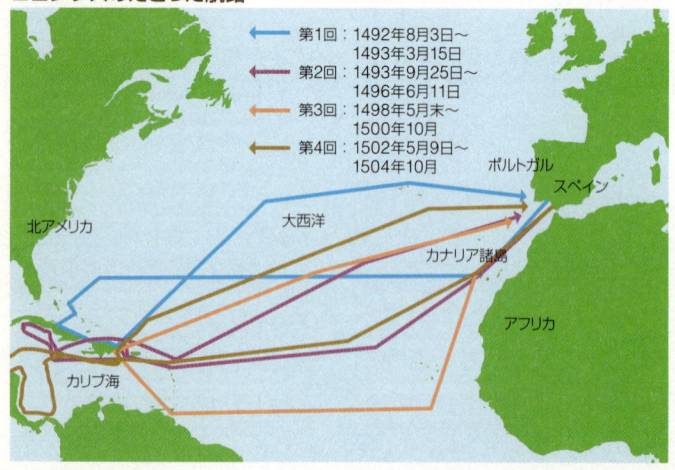

第1回：1492年8月3日〜1493年3月15日
第2回：1493年9月25日〜1496年6月11日
第3回：1498年5月末〜1500年10月
第4回：1502年5月9日〜1504年10月

受けて右へ曲がるため、北東から南西への風となります。

これが貿易風で、南半球でもまったく同じように、南東から北西への風になり、赤道で両半球の風が合わさり、東から西への風になります。

貿易風は昔からその存在を知られており、帆船時代から通商に利用されていましたが、貿易風を初めて、そしてもっとも有効に利用したのが1492年にアメリカ大陸を発見したクリストファー・コロンブスです。

コロンブス以前の帆船は、偏西風に妨げられて北緯37度のアゾレス諸島から西へ進むことはできませんでしたが、コロンブスはアフリカ西部沿岸に沿って南下し、北緯28度のカナリア諸島へ達することによって貿易風に乗り、西を目指すことができました。こうして新大陸を発見したコロンブスは、帰路につくときには北上して偏西風帯に入り、東へ向かう風に乗ってスペインへ向かいました。

コロンブスが航海に使った地図です。地中海を中心としたヨーロッパとアフリカの位置関係はわかりますが、この地図で大西洋を横断した勇気には驚かされますね

74 蜃気楼はどういうふうにしてできるんですか?

建物や船が浮いたり逆さになって見える蜃気楼は、空気の密度差が大きくなると発生します

　蜃気楼とは、密度の異なる空気が上下に接したときに起きる現象です。密度が異なる空気中では光の屈折率が変化するため、地上にあるものが浮き上がって見えたり、あるいは逆さになって見えたりします。

　空気の密度を変えているのは気温です。夏の太陽に照らされたアスファルトの道路などで、逃げ水と呼ばれる現象を見ることがあります。先方に水たまりがあるように見えますが、どこまで行っても逃げていくように見えるものです。これこそ蜃気楼で、**下位蜃気楼**と呼ばれるものです。このときには、路面に接した空気

下位蜃気楼と上位蜃気楼の仕組み

上位蜃気楼
正しい位置の上に像ができる
暖かい空気
屈折した光
冷たい空気
見かけ上の光
通常の光

下位蜃気楼
正しい位置の下に像ができる
冷たい空気
暖かい空気

が熱せられて密度が低くなったために、熱せられた空気が浮いて見えているのです。

このように、下の空気が暖かく上の空気が冷たい状態で、しかもある程度大きな温度差があるときに発生するのが下位蜃気楼であるのに対して、それとは逆に、下の空気が冷たく上の空気が暖かいときに現れるのが**上位蜃気楼**です。

蜃気楼は世界中で見られる現象ですが、古くから多くの人に認識されており、インドや中国では紀元前の書物に記載があります。日本では、蜃気楼がよく発生するところとして北陸の富山湾が有名です。富山湾では、春になると、朝が冷え込んで日中に気温が上がり、無風に近い陽気のときに上位蜃気楼を見ることができます。冬になると、晴れた日には毎日のように下位蜃気楼を見ることができます。

富山湾で蜃気楼が発生しやすいのは、北アルプスからの冷たい雪解け水が流れ込むことや、冬の季節風によって海水温が低下しやすいこと、市街地から暖かな空気が流れ込みやすいことなどによるものと考えられています。

アメリカ・ユタ州のグレートソルト湖で観察された浮島現象です。下位蜃気楼の一種で、熱せられた湖面に冷たい空気が吹き込んで発生したんです

(写真：jay galvin)

75 異常気象ってなんですか?

台風や降雪などこれまで経験したことのないような、風や雨、雪をもたらす気象のことです

　新聞やテレビなどのニュースで、異常気象という言葉を耳にすることが多くなっているように思えます。異常気象という場合、いったいなにが異常なのかといえば、降雨量や降雪量、気温などが過去30年程度の記録と照らし合わせて、大きくずれていることを指しています。

　しかし、実際のニュースなどでは、異常気象という言葉を厳密な定義に沿って使っているようには見えませんが、最近、私たちの身の周りで起こる気象現象が、異常気象といいたくなるような激しいものが増えているというのは、生活実感として誰でももっているのではないでしょうか。

平成24年豪雪(2011年12月～2012年2月)時の世界の気候

少ない海氷
大西洋からユーラシア大陸へ偏西風の蛇行が伝わる
強いシベリア高気圧
西シベリア上空で偏西風が大きく北に蛇行し、シベリア高気圧を強化
大西洋の活発な積雲対流とラニーニャ現象の影響で偏西風が蛇行
寒帯ジェット気流
高い海水温
亜熱帯ジェット気流
ラニーニャ現象により、インドネシア付近の積雲活動が偏西風を蛇行させる
高い海水温
活発な積雲対流
低い海水温
活発な積雲対流

2011年9月3日に高知県に上陸し日本海へ抜けた台風12号は、紀伊半島を中心に西日本の各地に大きな被害をもたらしました。世界遺産に指定されている熊野那智大社では、裏山が崩れて本殿に流れ込み、一部が土砂で埋まるというかつてない被害にあい、日本の三名瀑に指定されている那智の滝では、増水と土砂崩れによって滝壺の形状が大きく変わってしまいました。

　また、紀伊半島の山間部では、各地で土砂崩れによって川がせき止められて氾濫したりせき止め湖が出現するなどして、多くの住民が避難を余儀なくされました。日本のなかでも、比較的降水量が多く、これまで雨に強い地域と思われていた紀伊半島でこのような被害を発生させた台風はいままでありませんでした。

　2011年から2012年の冬には、寒気が厳しく、また大量の雪が降りました。降雪量は例年の2〜3倍と、山陰地方から北海道まで、日本海側の広い範囲でこれまで経験したことのないような積雪に見舞われましたが、これは日本だけではなく、北半球の中緯度地方全域で見られた天候でした。

　これまで経験したことのないような厳しい天候は、ごく身近なところで頻発しています。

平成24年豪雪（2011年12月〜2012年2月）時の気温（平年対比）

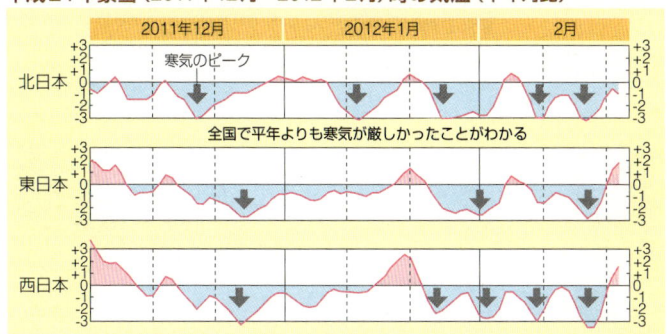

76 酸性雨ってなんですか？

私たちが排出する硫黄酸化物と窒素酸化物によって酸性化し、さまざまな悪影響をもたらす雨です

　酸性雨とは、強い酸性であるために金属やコンクリートなどを溶かし、あるいは木を枯らしてしまう雨のことです。もちろん、私たちの健康にも大きな被害を与えるもので、呼吸器疾患などの原因にもなっています。

　酸性の度合いはpH（ピーエイチ／ペーハー）で表されますが、pHが8を超えるとアルカリ性、7未満を酸性といいます。通常の雨はpHが6程度で弱酸性ですが、pHが5.6を下回ったものを酸性雨といいます。

　雨が酸性化するのは、大気中に硫黄酸化物や窒素酸化物が大量にあるためです。硫黄酸化物とは、石油や石炭を燃焼させること

pH濃度

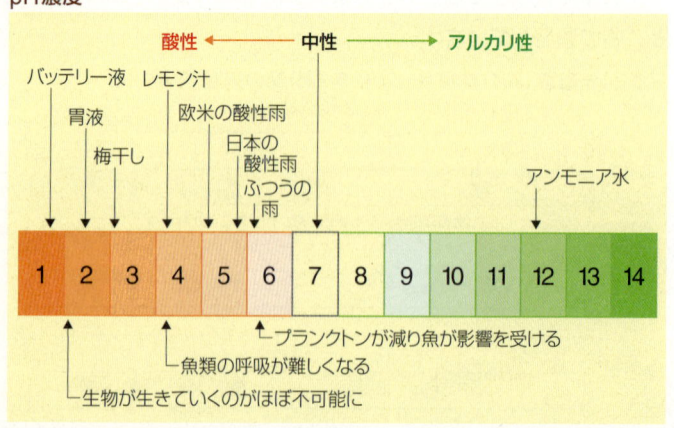

酸性 ← 中性 → アルカリ性

- バッテリー液
- 胃液
- 梅干し
- レモン汁
- 欧米の酸性雨
- 日本の酸性雨
- ふつうの雨
- アンモニア水

| 1 | 2 | 3 | 4 | 5 | 6 | 7 | 8 | 9 | 10 | 11 | 12 | 13 | 14 |

- プランクトンが減り魚が影響を受ける
- 魚類の呼吸が難しくなる
- 生物が生きていくのがほぼ不可能に

第4章 **気象現象** 編

によって発生するもので、おもに工場などの産業施設から排出されています。窒素酸化物は私たちが使用する自動車の排気ガスに含まれているものですが、どちらも大気中の水蒸気と反応すると酸性の性質をもつようになるため、まず雲を酸性化しその雲が降らせる雨を酸性化します。

かつて、環境汚染についての意識が低かった時代には、ヨーロッパやアメリカで酸性雨による大きな被害が発生しました。日本でもpH3という酸性雨が降った記録があり、日光や丹沢などの山地の南側斜面の森が広い範囲で枯れるというようなことも起こりました。ヨーロッパやアメリカでは、酸性雨の流れ込みによって湖の魚が死滅してしまうようなことも発生しました。

これらの国々ではこのような体験と通じて、酸性雨の原因となる硫黄酸化物と窒素酸化物を減らす努力が実を結びつつあるように見えますが、中国やインドなど、その経済が急成長している地域では、すでに酸性雨の被害が発生しており、今後ますますその影響が拡大していくのではないかと心配されています。

> 酸性雨によって立ち枯れてしまった東ヨーロッパの森です。日本でも山によってはこのようなことが起こっているんですよ

(写真：Nipik)

77 人工降雨とはなんですか?

雨を降らさない雲に人工的な氷晶核を散布して雨を降らそうという試みが人工降雨です

　農業にとって水の確保は最重要課題ですが、常に問題となるのは水不足や干ばつです。そのため世界各国で、1950年代から雨を人工的に降らし、水不足や干ばつの被害を減らす**人工降雨**(じんこうこうう)の試みが行われています。

　人工的に雨を降らせることは、原理的にはさほど難しいことではありません。雨のもとになる雲があればいいのです。雲の中には過冷却水滴がありますが、それが凝結できずにいる場合、そこへ氷晶核となるものを入れてやれば雨が降ります。

　人工降雨の場合、氷晶核として利用されるのはヨウ化銀という

人工的に雨を降らそうとする試みは世界中で行われているが、なかなか思うようにいかない。これは飛行機から雲にヨウ化銀を散布する装置 (写真:Christian Jansky)

粉末です。このヨウ化銀を飛行機から雲の中へ散布したり、あるいは大砲で撃ち込んだりして、過冷却水滴を氷晶に成長させると雨を降らせることができるのです。

人工的に雨を降らせたり、またはその降水量をコントロールできたら、世界中の人は水不足や干ばつを心配しなくてもよくなりますが、残念ながらまだそこまでの技術は発達していません。まず、もともと雨の少ない地域では、雨のもととなる雲さえ発生しないところがたくさんあります。また、人工降雨で増やせる雨量は1割程度と、満足できる水準ではありません。

かつて日本でも、1970年代までは盛んに研究・実験が行われましたが、水力発電の比率が低下すると人工降雨に対する関心も薄れていきました。現在、世界でもっとも積極的に人工降雨の研究に取り組んでいるのが中国です。中国では広い範囲で砂漠化が進行しているため、各地の水不足を解消するために小型ロケットでヨウ化銀を打ち上げる方策が行われています。

> これは2008年に開かれた北京オリンピックの開会式でのセレモニーです。このときには、北京が雨にならないように、雨になりそうな雲に人工降雨を仕掛けたそうですよ

(写真：Ricardo Stuckert)

78 飛行機雲って本当の雲ですか？

飛行機のエンジンからでる排気ガスの中の水蒸気が凝結核の役割を果たす、いわば人工的な雲です

　飛行機を飛ばすジェットエンジンは、前方から空気を吸い込み、その空気を圧縮機でどんどん圧縮していきます。圧縮された空気は高温となり、そこへ燃料を噴出させると爆発的な燃焼を起こします。それによって発生した強力なエネルギーから推進力を得ているジェットエンジンですが、燃焼後には、前方から取り入れた空気を後方に排出します。その排気ガスの中には水蒸気が含まれています。

　雲ができる仕組みを第1章の「気象の基礎知識編」で解説しました（→P24）が、ジェット飛行機が飛ぶ空の大気の状態が、水蒸気が十分にありながら雲粒がつくられない過飽和の状態にあると

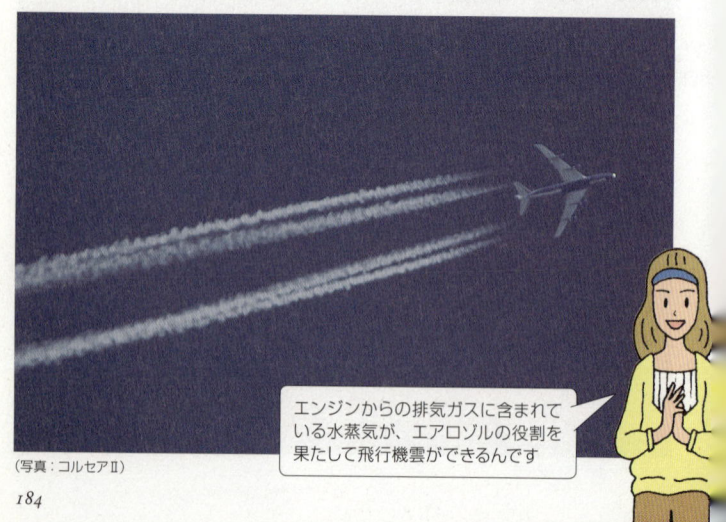

> エンジンからの排気ガスに含まれている水蒸気が、エアロゾルの役割を果たして飛行機雲ができるんです

（写真：コルセアⅡ）

き、ジェットエンジンから排出された水蒸気がエアロゾル（凝結核）としての機能を果たします。排気ガスによって大量のエアロゾルが供給されたことにより、飛行機の航跡を示すように飛行機雲ができます。

　排気ガスは大量の凝結核を供給するだけでなく、大気中の水蒸気量も増やすので、飛行機雲がいっそうできやすくなります。しかし、大気が過飽和の状態でないときには飛行機雲はできません。飛行機雲は、冷たい空気のある高層のほうができやすくはありますが、できるかできないかはそのときの大気の状態によるので、高度には関係ないのです。

　飛行機雲には、ジェットエンジンからの排気ガスによってできるもののほかに、翼上部を中心とした低圧部で発生するものがあります。この飛行機雲は超音速ジェット戦闘機などの飛行中に見られるものですが、排気ガスによる飛行機雲と違い、すぐ消えてしまいます。

> このような超音速ジェット機の場合、翼の上面の気圧が下がり低温になります。そのため、大気中の水蒸気が水滴となり、飛行機雲となるんです

79 オーストラリアで見られる不思議な雲ってなんですか？

オーストラリア北部のカーペンタリア湾では ロールケーキのような雲を見ることができます

オーストラリアの最北部には、赤道に近いパプアニューギニアに向かって突きでているヨーク岬半島があります。その半島の西にカーペンタリア湾がありますが、この湾ではある条件が整うとロールケーキのような円筒形の雲を見ることができます。この雲を**モーニング・グローリー**と呼びます。

カーペンタリア湾周辺の気候は、低緯度地方なため暑く湿潤ですが、4月から11月は乾期で乾燥した東風が吹きます。しかし、乾期も終盤となる9月に入ると、ヨーク岬半島を越えて湿った東風が吹くことがあります。その東風が前夜から強く吹きだし、湿度が高くなると、翌日の早朝にモーニング・グローリーが現れる

> この不思議な雲を見るために、世界中から愛好家がやってくるんです

可能性が高まるのです。

　モーニング・グローリーが発生するのは、東風がヨーク岬を越えてカーペンタリア湾に吹き込むときに、下降気流となるためです。その下降気流はカーペンタリア湾上で前夜からの湿った空気とぶつかって上昇気流となり、回転を始めます。このようにして空気の回転運動が起こり、モーニング・グローリーとなるのです。そのため、モーニング・グローリーのできる高度はせいぜい2000m程度のものですが、長さは1000kmにもなり、それが時速50kmほどの速度で移動していきます。

　その不思議な雲を見るために、地元のバークタウンの町には世界中から多くの人が訪れてきます。愛好家は、モーニング・グローリーをその移動とともに観察するために、グライダーや軽飛行機を用意し出現に備えていますが、モーニング・グローリーの出現確率はあまり高くないので、残念ながら見られずに立ち去る人もたくさんいます。

　モーニング・グローリーと同じ原理で発生する雲は、ヨーロッパやアメリカ、メキシコなどでも観察されていますが、その規模と美しさから、カーペンタリア湾のモーニング・グローリーが世界でいちばん見事なものといえます。

モーニング・グローリーの発生するところ

80 地球の温暖化が気象に与える影響とは?

地球が温暖化すると気象現象が過激になり、さまざまな悪影響が予想されます

　2011年の台風12号は、異常気象を象徴するような強烈な雨と風で各地に大きな被害をもたらしましたが、12号がなぜ大きな勢力を保ったまま日本を駆け抜けていったのか、その理由を考えると地球の温暖化にたどりつきます。

　赤道付近で発生した台風は、これまでは北上するに従ってその勢力を弱めていきました。それは、海水温が徐々に低下するために、台風のエネルギーである水蒸気の供給が減っていくためです。中緯度にある日本周辺まで北上してくると、水蒸気の補給も少なくなるので台風はその勢力を弱め、消えていくものでした。

　しかし、最近では、東日本の太平洋沿岸から東北の日本海沿岸まで非常に広い範囲で、夏の海水温が25℃以上という高温状態が続くため、台風は強い勢力を保ったまま日本にやってくるので、

ヨーロッパアルプス最大の氷河であるアレッチ氷河。左から1979年、1999年、2002年の様子。氷河の氷が急激に減少し、後退している　　(写真：Zuecho)

大きな被害をもたらすようになっています。

　では、なぜ日本近海の海水温が高くなっているのかといえば、地球全体が暖かくなっているためです。なぜ、地球全体が暖かくなっているのかといえば、私たちが日常生活や経済活動で排出している二酸化炭素（CO_2）などの温室効果ガスが、本来なら宇宙空間へ逃げていくはずの地球放射を宇宙へ逃がさずに地表へ跳ね返

地球温暖化の進行状況

1937〜46年の平均気温に対する1965〜75年の気温変化

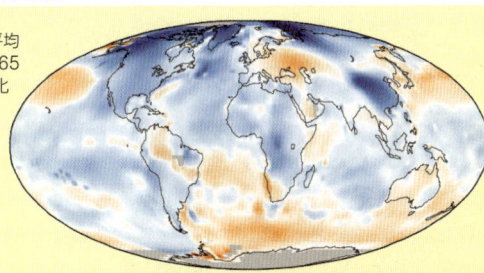

1940〜80年の平均気温に対する1995〜2004年の気温変化

1960〜90年の平均気温に対する2070〜2100年の気温変化予想

> 今後地球はどんどん暑くなっていく予想ですが、特に極地方の気温上昇は環境に大きな被害をおよぼすはずです

し、地球大気の中に閉じ込めてしまうからです。

地球全体では、この100年間の平均気温が0.7℃上昇しましたが、これによって南極や北極では氷が、ヒマラヤなどの高山では氷河が、シベリアやアラスカでは永久凍土が溶け始めています。

南極やグリーンランドの氷が溶けると海面の水位が上昇するため、南太平洋に浮かぶ島国では水没の危機が叫ばれています。

地球の温暖化は、農業生産や野生生物の絶滅など、きわめて広い範囲で生物の生態系に大きな影響を与えるため、細心の注意と監視が必要です。

(写真：Masaaki Nakajima)

南太平洋のマーシャル諸島では、地球温暖化の影響によって海面が上昇しています。そのために海岸が浸食されヤシの木が倒れるなどの被害が発生しているんですよ

気象の仕事 編

5

私たちの暮らしに
大きな影響を与える気象。
それを観測し予報する仕事は
大きな責任を背負った価値の高いものです。
気象の仕事に就きたい人のために
基本的な情報を収集してみました。

81 気象庁はどんな仕事をしているんですか?

国土交通省の外局として気象業務法にのっとり、気・地・水象全般について観測・予報を行っています

　気象は、私たちの生活や経済活動に大きな影響を与えます。特に経済活動は、その規模が拡大しグローバル化した現在では、身近な気象情報ばかりでなく、世界の隅々の気象の影響を受けるようになっており、迅速で正確な気象情報の収集と伝達が非常に重要になっています。過去には、気象情報は重要な軍事情報として、厳重に扱われた時代もありました。

　そのような重要な気象情報を、日本で一元的に管理してきたのが気象庁です。日本での気象観測の歴史は、明治政府の誕生後ほどなく始まりました。それは明治政府がかかえたヨーロッパから

気象庁の組織図

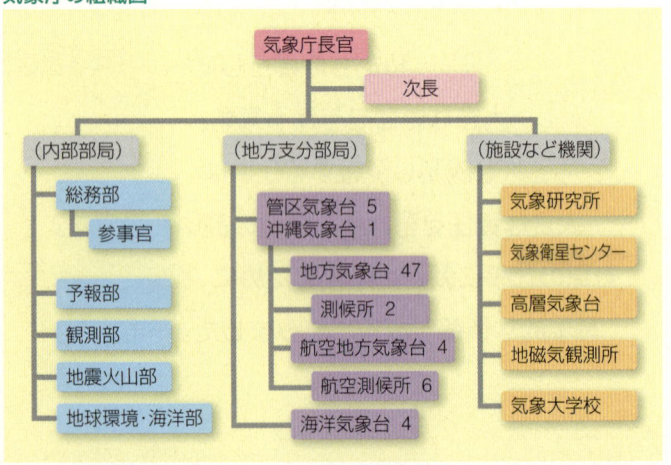

- 気象庁長官
  - 次長
  - (内部部局)
    - 総務部
      - 参事官
    - 予報部
    - 観測部
    - 地震火山部
    - 地球環境・海洋部
  - (地方支分部局)
    - 管区気象台 5
    - 沖縄気象台 1
      - 地方気象台 47
      - 測候所 2
      - 航空地方気象台 4
      - 航空測候所 6
    - 海洋気象台 4
  - (施設など機関)
    - 気象研究所
    - 気象衛星センター
    - 高層気象台
    - 地磁気観測所
    - 気象大学校

の技師たちの進言によるものでした。気象観測を開始したヨーロッパからの技師たちは、火山列島である日本の特殊性をすぐ理解し、気象観測と並行して地震観測もスタートしました。

　気象庁はその誕生時から長い間気象台と呼ばれ、戦前には文部省や運輸通信省の一部門でしたが、1956年に気象庁に昇格し、現在ではその独立性の高い業務内容から、消防庁（総務省）や国税庁（財務省）と同じように国土交通省の外局となっています。

　気象庁の活動は**気象業務法**(きしょうぎょうむほう)によって定められています。それによって「気象」ばかりでなく、「地象」(ちしょう)「水象」(すいしょう)も観測・予報対象となっており、地震や火山、津波などといった私たちの生活に大きな影響をおよぼす自然現象全般にわたって、重大な責任を負った業務を行っています。特に重大な被害が予想されるようなとき

気象の観測

- レーダー →P66：空に向かって電波を発信して観測する
- ラジオゾンデ →P64：空から電波を送信する
- ウィンドプロファイラ →P67：空に向かって電波を発信して観測する
- 気象衛星ひまわり →P68：宇宙から電波を送信する
- 一般航空機
- アメダス →P62：全国にくまなく設置された無人観測網
- 海洋気象観測船：海洋の気象や海流の観測　水深2000mまでの水温や塩分も観測
- 一般船舶：民間や自衛隊の協力

すべて気象庁とつながっている。

気象観測の仕事は100年以上続いているんです

には、警報や注意報を発令しますが、これも気象業務法によって気象庁にのみ与えられた権限です。

1993年（平成5年）の気象業務法改正によってスタートしたのが、気象予報士制度です。これによって、民間の会社が気象予報士を雇用することにより、気象の予報業務を始めることができるようになりました。しかし、これは気象予報がインターネットの普及などによって広く行われようとしているときに、それが正しく適切に行われるために設けられた制度で、気象予報士を目指す人は、気象庁による試験に合格しなければなりません。この試験の実施も気象庁の大切な業務になっています。

気象庁では全国にたくさんの管区気象台、海洋気象台、地方気象台を設置して気象観測を行い、また気象衛星センターでは、気象衛星ひまわりの運用によって宇宙からの観測データの収集に努めています。これらの観測所から収拾された膨大なデータにもと

さまざまな天気予報と防災情報

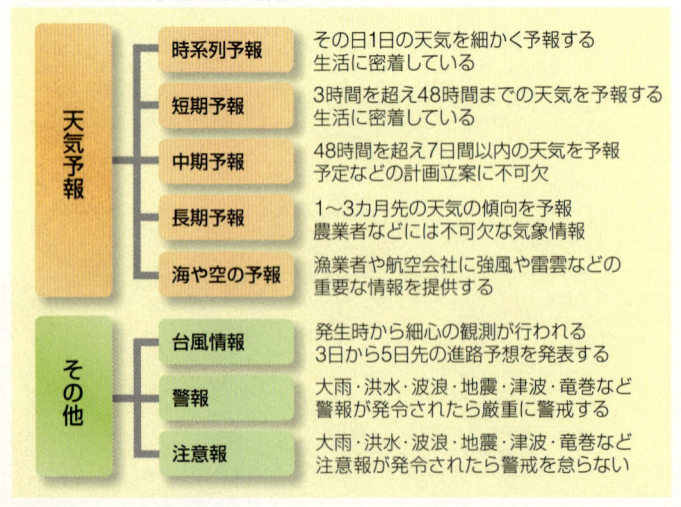

天気予報	時系列予報	その日1日の天気を細かく予報する 生活に密着している
	短期予報	3時間を超え48時間までの天気を予報する 生活に密着している
	中期予報	48時間を超え7日間以内の天気を予報 予定などの計画立案に不可欠
	長期予報	1〜3カ月先の天気の傾向を予報 農業者などには不可欠な気象情報
	海や空の予報	漁業者や航空会社に強風や雷雲などの重要な情報を提供する
その他	台風情報	発生時から細心の観測が行われる 3日から5日先の進路予想を発表する
	警報	大雨・洪水・波浪・地震・津波・竜巻など 警報が発令されたら厳重に警戒する
	注意報	大雨・洪水・波浪・地震・津波・竜巻など 注意報が発令されたら警戒を怠らない

づいて行われる予報業務ですが、私たちがテレビや新聞などでふだん目にする天気予報は、気象庁が直接行っているものではありません。

気象庁は、これも1993年の気象業務法改正によって、**気象業務支援センター**を指定し、気象庁が収拾した気象データなどを、このセンターを通じて広く民間に公開することとされています。なので、私たちが利用している天気予報は、気象庁からこのセンターを通して民間会社に渡ったものを直接、あるいはその会社が予報を加えて私たちに伝えているものなのです。気象業務支援センターは、気象予報士の検定試験を実施する機関でもあります。

かつて天気予報といえば、気象庁の外郭団体として発足した（財）日本気象協会が行うものでしたが、気象業務法の改正により予報業務が広く民間に開放されたことにともない、（財）日本気象協会もその他の民間会社と同じ資格の会社となっています。

地球規模の気象と環境の観測と国際協力

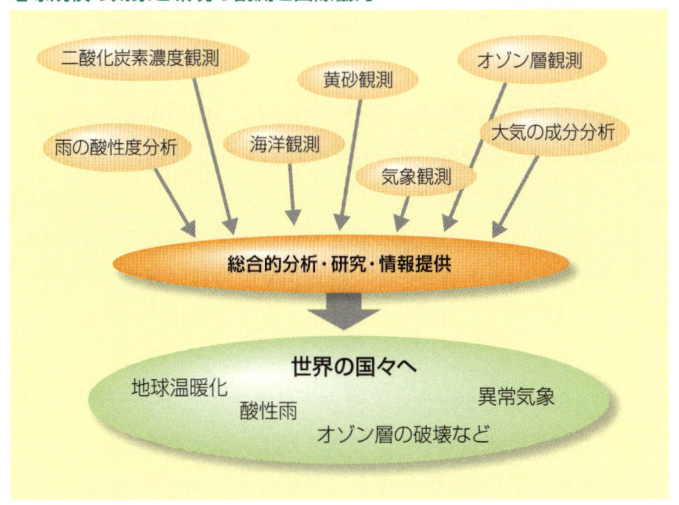

- 二酸化炭素濃度観測
- 雨の酸性度分析
- 海洋観測
- 黄砂観測
- 気象観測
- オゾン層観測
- 大気の成分分析

↓

総合的分析・研究・情報提供

↓

世界の国々へ

地球温暖化　酸性雨　異常気象　オゾン層の破壊など

82 気象に関わる仕事をするにはどうしたらいいですか?

気象庁に入庁する、気象大学校を卒業するほかに、気象情報会社に就職することです

気象庁で働くには

　気象に関する仕事に就こうとするときに、まず思い浮かぶのが気象庁の職員となることです。気象庁の仕事は、気象ばかりでなく、地象・水象を含めた自然現象全般を観測対象とするので、その仕事範囲は広大です。国民の生命・財産に直接関わることでもあるので、大きな責任を背負ったやりがいのある仕事をすることができます。その気象庁へ入庁するには、国家公務員試験に合格する必要があります。

　将来、気象庁の幹部になることを期待される人材を登用するために行われるのが、Ⅰ種国家公務員試験です。この試験に合格して入庁した人は、観測や予報などの現業部門ばかりでなく、世界気象機関などの国際機関への派遣や他省庁への出向など、さまざまな仕事にたずさわるため、自然現象に対する専門知識ばかりでなく、幅広い知見が要求されます。

　次いで、全国の地方気象台などで観測・予報業務にたずさわる人材を採用しようというのが、Ⅱ種国家公務員試験です。この試験は、Ⅰ種国家公務員試験と並んで、大学卒業程度の学力が必要です。

　地方気象台などが独自に必要な人材を登用しようとするのが、Ⅲ種国家公務員試験です。この試験では、高校卒業程度の学力が要求されますが、採用後の業務は総務などの管理業務にかぎられ、

原則として観測などを行うことはありません。

気象大学校とは

　気象庁はその特殊な業務をこなせる人材を独自に養成しています。それが**気象大学校**です。千葉県柏市にある気象大学校は、防衛大学校などと同じように、所管省庁がみずから設けた4年制の大学です。一般の大学と同じように一般教養課程もありますが、充実した専門課程を学ぶことにより、自然現象を観測・研究するスペシャリストを育てています。

　毎年、15名程度が募集されますが、実際には40名前後が入学しています。学生は、入学時から気象庁の職員として国家公務員の身分となるため、月額15万円弱の給与が支給されます。気象庁の職員である彼らは、卒業時にはそれぞれ現業部門へ配属されるので、就職活動もいっさい不要です。

気象大学校の校舎です。千葉県柏市の緑あふれる広い校舎には、これ以外にも校舎や体育館、寄宿舎などがあって、みんな気象観測についての充実した専門教育を受けています

（写真：RESPITE）

このような、将来が保証された恵まれた学生生活が送れることもあって、入学試験の受験者は多く、そのため入試の難易度も東大や京大に肩を並べるほど高いものになっていますが、気象に関心の強い高校生には、ぜひチャレンジすることをおすすめします。

　このように、気象庁で観測・予報業務に就く者はすでに高度な専門教育を受けているので、以下に見るような気象予報士の資格は不要です。

民間気象情報会社とは

　1993年（平成5年）には、気象情報に対するニーズの多様化に対応して、気象情報業務を民間に開放するための気象業務法の改正が行われました。この結果、現在では、全国で50を超える事業者が気象の情報提供業務を行っています。

　気象情報業務を行おうとするものは、気象業務法によって気象庁長官の許可を受けなければなりませんが、その際、事業者は気象予報士を置かなければならない、と規定されています。そのため、気象の予報を行おうとする事業者は、会社によって差はあり

> このビルの中には日本の会社であり、世界最大の気象情報会社であるウェザーニューズが入っています。その社員は600人もいるんですよ

ますが多くの気象予報士を雇用していますので、気象予報士の資格を得て、そのような会社に就職することも気象業務にたずさわることのできる有力な方法です。

気象情報会社としてもっとも長い歴史をもつ日本気象協会のホームページ。気象庁の外郭団体として設立されたが、現在では一般財団法人となっている

おもな民間気象情報会社

日本気象協会	http://www.jwa.or.jp/
日本気象コンサルティング・カンパニー	http://www.nihonkisho-consul.co.jp/
いであ	http://www.bioweather.net/
応用気象エンジニアリング	http://www.amecs.co.jp/
ウェザーニューズ	http://weathernews.com/
気象情報システム	http://www.wis-x.co.jp/top.htm
ウェザーテック	http://www.wet.co.jp/
フランクリン・ジャパン	http://www.franklinjapan.jp/
アース・ウェザー	http://www.ewi.co.jp/
ウェザーマップ	http://www.weathermap.co.jp/
ファインウェザー	http://www.fiweather.com/
シスメット	http://www.sysmet.co.jp/
日本気象	http://n-kishou.com/corp/
ウェザー・サービス	http://www.otenki.jp/
アップルウェザー	http://www.appleweather.jp/
島津ビジネスシステムズ	http://tenki.shimadzu.co.jp/
サーフレジェンド	http://www.surflegend.co.jp/
ウェザープランニング	http://www.wxp.co.jp/
中電シーティーアイ	http://www.cti.co.jp/
ライフビジネスウェザー	http://www.lbw.jp/
サニースポット	http://www.sunny-spot.net/
伊藤忠テクノソリューションズ	http://www.weather-eye.com/
気象サービス	http://www.weather-service.co.jp/
ハレックス	http://www.halex.co.jp/
気象情報通信	http://www.wics.co.jp/
スノーキャスト	http://www.snowcast-web.com/
ヤマテン	http://yamatenki.co.jp/

83 気象予報士になるにはどうしたらいいんですか？

冬と夏の年に2回行われる気象予報士試験に合格する必要があります

　気象予報士になるためには、気象庁が実施する**気象予報士試験**に合格することが必要です。気象予報士試験とは、気象庁が気象業務法にもとづいて行う国家試験であり、毎年、1月下旬と8月下旬の2回、その実施は気象業務支援センターが行っています。

　それまで気象庁が一元的に行っていた気象予報業務が、民間に開放されることにともなって導入された気象予報士制度ですが、1994年（平成6年）の試験開始以来、毎年多くの合格者が誕生しており、2012年現在、通算で9000人近い気象予報士が誕生しています。

　気象予報士試験は、受験資格に年齢や学歴などの制限がないため、気象に関心のある多くの人が受験しており、司法試験などとは違って、その資格を得ることが気象予報の業務に就くことと直結しているわけではありません。そのため、これまでもさまざまな年齢の受験者が挑戦しており、最高齢合格者は74歳で最年少合格者は14歳に満たない中学1年生です。また、試験合格者のなかで実際に気象予報業務に関わっているものは10％前後ではな

気象予報士試験の合格基準

学科試験（予報業務に関する一般知識）：15問中正解が11以上
学科試験（予報業務に関する専門知識）：15問中正解が10以上
実技試験：総得点が満点の66％以上

いかと思われます。

　試験は、北海道・宮城県・東京都・大阪府・福岡県・沖縄県で行われます。予報業務に関する一般知識と専門知識を問う学科試験と局地的な気象の予想などを問う実技試験に分かれており、それぞれ約66％以上の正解率で合格とされています。試験の合格率はおよそ6％とかなりの狭き門になっていますが、学科試験の一般知識・専門知識、あるいは実技試験で合格点に達した科目については、その後、1年間は試験が免除になっています。

　試験の問題集は一般の書店で購入することができますし、資格試験の受験をサポートする各種学校などでも、指導を受けることができます。

　なお、アメリカでは気象を予報するにあたって、国家資格が必要とされるといったことはいっさいありません。アメリカでは、誰でも自由に気象を予報することができます。

　それは、不正確な予報を繰り返すものは多くの人の支持を失い、やがて淘汰されていく結果、正しい知識にもとづいて正確な予報をするものが生き残るという、非常にアメリカ的な考え方が根底にあるからだと思われます。

おもな都道府県の男女別合格者数（累積）

都道府県	男性	女性	小計
北海道	411	39	450
青森県	83	10	93
宮城県	194	19	212
茨城県	169	19	188
栃木県	73	14	87
群馬県	82	14	96
埼玉県	482	59	541
東京都	1186	261	1447
千葉県	644	90	734
神奈川県	803	122	925
長野県	97	13	110
静岡県	136	14	150
愛知県	311	63	374
岐阜県	73	8	81
三重県	79	10	89
新潟県	117	10	127
京都府	154	23	177
奈良県	81	10	91
兵庫県	260	56	316
兵庫県	260	56	316
広島県	120	21	141
福岡県	271	24	295
全都道府県合計	7370	1084	8454

気象予報士試験の受験者数と合格率

回	応募者	受験者	合格者	合格率
1	3,103	2,777	500	18.0%
2	2,956	2,705	313	11.6%
3	3,012	2,771	277	10.0%
4	3,627	3,257	336	10.3%
5	2,753	2,461	204	8.3%
6	3,477	3,083	163	5.3%
7	2,924	2,587	206	8.0%
8	3,661	3,281	165	5.0%
9	3,484	3,037	162	5.3%
10	4,217	3,705	156	4.2%
11	4,172	3,592	160	4.5%
12	4,477	3,981	161	4.0%
13	4,344	3,803	195	5.1%
14	4,843	4,337	198	4.6%
15	4,286	3,671	234	6.4%
16	4,626	4,147	233	5.6%
17	4,508	3,962	211	5.3%
18	4,398	3,898	272	7.0%
19	4,740	4,091	242	5.9%
20	5,349	4,800	357	7.4%
21	5,287	4,555	262	5.8%
22	5,599	4,958	216	4.4%
23	5,296	4,564	195	4.3%
24	5,401	4,804	198	4.1%
25	5,491	4,781	223	4.7%
26	5,724	5,074	259	5.1%
27	5,366	4,670	294	6.3%
28	5,528	4,943	216	4.4%
29	5,362	4,587	206	4.5%
30	5,201	4,560	225	4.9%
31	5,076	4,329	272	6.3%
32	5,497	4,885	230	4.7%
33	5,257	4,505	216	4.8%
34	5,383	4,787	298	6.2%
35	5,015	4,330	244	5.6%
36	4,836	4,349	190	4.4%
37	4,575	3,952	184	4.7%
計		148,579	8,673	5.8%

《 参 考 文 献 》

『気象・天気図のすべてがわかる本』	岩谷忠幸監修 (ナツメ社、2011年)
『気象・天気図の読み方・楽しみ方』	木村龍治監修 (成美堂出版、2004年)
『気象のキホンがよ〜くわかる本』	岩槻秀明著 (秀和システム、2008年)
『図解・気象学入門』	古川武彦・大木勇人著 (講談社・ブルーバックス、2011年)
『暮らしの中で知っておきたい気象のすべて』	ハレックス監修 (実業之日本社、2011年)
『知ればトクする天気予報99の謎』	ウェザーニューズ著 (二見書房、2007年)
『高等学校地学改訂版』	松田時彦・山崎貞治編 (啓林館)
『高等学校理科総合B改訂版』	太田次郎・山崎和夫編 (啓林館)
『酸性雨』	石弘之 (岩波新書)
『地球環境報告』	石弘之 (岩波新書)
『地球環境報告II』	石弘之 (岩波新書)

《 参 考 文 献 Web サ イ ト 》

気象庁	http://www.jma.go.jp/jma/index.html
気象衛星センター	http://mscweb.kishou.go.jp/panfu/index.htm
NOAA	http://www.nnvl.noaa.gov/
NASA	http://www.nasa.gov/home/index.html
NHKクリエイティブ・ライブラリー	http://www.nhk.or.jp/creative/
キヤノンサイエンスラボキッズ	http://web.canon.jp/technology/kids/theater/index.html
気象振興協議会	http://www.w-shinkou.org/
日本気象協会	http://tenki.jp/
ウェザーニューズ	http://weathernews.jp/index.html
天気のことわざ	http://rikanet2.jst.go.jp/contents/cp0130/4/4-1.html
気象のお部屋	http://park12.wakwak.com/~alchemist/meteo.html
地球科学のせかい	http://www.tikyukagaku.com/disaster/tornado.html
白夜	http://www.nhk.or.jp/school/tabemono/00/norway/a1.html
山賀 進のWeb site	http://www.s-yamaga.jp/index.htm
エコライフガイド	http://www.eic.or.jp/library/ecolife/index.html
みんなで止めよう温暖化	http://www.team-6.net/-6sensei/

索　引

英数字

10種雲形	28、31

あ

赤城おろし	93、133、139
秋雨前線	124、125
暖かい雨	34、35
亜熱帯高圧帯	13、106
亜熱帯ジェット気流	50、51、178
雨粒	25、26、32、33、35、37
アムール川	142、143
アメダス	62、63
あられ（霰）	41、108、109
異常気象	178
移動性高気圧	86、87、98、124、125、129、134
インフルエンザ	139
ウィンドプロファイラ	67
ウェザーニューズ	61、77、90、198、199
海半球	22
雲粒	24、25、26、32、33、35、36、37、38、39
エアロゾル	24、25、26、32、185
エビのしっぽ	141
エルニーニョ現象	170、171
オーロラ	11、166、167
小笠原気団	86、101、106
遅霜	99、150
オゾン層	10、11
オホーツク海	142、143
オホーツク海気団	86
温帯低気圧	45
温暖化	116、188、189、190
温暖前線	27、29、52、53、54、55

か

下位蜃気楼	176、177
下降気流	42、43、44、45、48、162、163
暈	30
ガストフロント	162、163
下層雲	31
花粉症	94、95
花粉前線	95
過飽和	25、184、185
雷	108、109
からっ風	93
過冷却水滴	36、37、38、39、140
寒帯ジェット気流	50、51、178
寒冷前線	27、52、53、54、55、89
気圧傾度力	43、46、47、49、51
気象観測衛星	68、70、71
気象観測用レーダー	66
気象業務支援センター	195、200
気象業務法	82、193、194、195、198、200
気象台	59、192
気象大学校	192、196、197
気象庁	58、59、71、74、82、84、192、193、194、195、196、200
気象予報士（試験）	194、195、198、199、200
季節風	43、130、131
客観解析	73
凝結核	26、32、33、185
凝縮	15
極高圧帯	12、13
極循環	12、13、50
局地風	43
極夜	164、165
霧雨	26、32、33
鯨の尾型	106、107
傾度風	49
警報	82、83、84、194
夏至	20、104、105、164
ゲリラ豪雨	110、111
巻雲	29、31、39、54、55
巻積雲	29、31、54
巻層雲	30、31、54、55
高緯度地方	10

高緯度低圧帯	12、13
光化学スモッグ	112、113
高気圧	42、44、45
黄砂	96、97
降水確率	74、75
高積雲	29、30、31、54
豪雪地帯	133、146、147
豪雪地帯対策特別措置法	147
高層雲	29、30、31、54、55
高層天気図	79
紅葉前線	126
木枯らし（1号）	128、129
国際観測網	70
小春日和	134、135
コリオリ力	46、47、49
コロンブス	174、175

さ

サイクロン	168
再生可能エネルギー	152、154
桜前線	90、91
五月晴れ	98、99
里雪型	136、137
サハリン	142、143
酸性雨	180、181
ジェット気流	50、51
時系列予報	60、194
自転軸	19、104、164
シベリア気団	86、131、132、133、134
週間予報	60
収束	27、87、167
自由大気（層）	11、48、78
樹氷	140、141
上位蜃気楼	176、177
蒸散	14
上州のからっ風	93、139
上昇気流	24、26、27、42、44、45、48、162、163
衝突合併	35
人工降雨	182、183
水蒸気	14、15

水滴	24
数値予報	72、73
スーパーセル	160、162、163
西高東低	86、89、128、129、130、131、132、133、134、135、171、173
成層圏	10、11
世界気象監視計画	70、71
世界気象機関（WMO）	70、78、196
積雲	28、31、52
赤外線画像	17、69
赤道気団	86
積乱雲	11、28、31、52、53、108、109
背の高い高気圧	44、45
背の低い高気圧	44、45
前線（面）	27、45、52
層雲	29、31
層状雲	27、29、30、31、38、39
層積雲	29、31、55

た

大気境界層	11
大気の循環	12
台風	118、119、120、121、122、123、168
太平洋高気圧	44、101、106、107
太陽放射（量）	12、16、17、18、19
対流雲	27、28、31
対流圏	10、11
対流圏界面	10、11
竜巻	160、161、163
短期予報	60、194
地域気象観測システム	62
地球放射（量）	16、17、19、20、21
地衡風	49
地上天気図	76
地上の風	42、48、49
中緯度地方	13、27
注意報	59、82、83、84、194
中間圏	10、11
中期予報	60、194
中層雲	30、31

205

長期予報	60、194	風成循環	15
長江気団→揚子江気団		フェーン現象	92、93
冷たい雨	36、37、38、39	フェレル循環	12、13
梅雨寒	102	藤田スケール	161
低緯度地方	10	冬の季節風	130、131
低気圧	44、45、48	ブロッケン現象	158、159
停滞前線	52、56、100、124	閉塞前線	52、55
天気記号	80、81	偏西風	50、51
天気図	76、77	貿易風	174、175
天気予報	58、59、60、61	飽和水蒸気圧	38
等圧線	77	北極圏	18
等圧面	78		
等高度線	78、79		

ま

摩擦力	46、47、49
マルチセル	162、163
水の循環	14
民間気象情報会社	198、199
猛暑日	114
モーニング・グローリー	186、187
モンスーン	100、101

冬至	105、165
トンネリング現象	159

な

南氷洋	23
虹	156、157
日本気象協会	195、199
日本農業気象学会	150
入道雲	28、31、108
熱圏	10、11
熱帯収束帯	12、13、22、23
熱帯夜	114、115
熱中症	114、115

や

屋久島	144、145
やませ（山背）	102、103
山雪型	137
雄大積雲	28、108
夕立	108、109
ユーラシア大陸	49、86、130、132、136、143
雪の結晶	40、41
揚水発電	154
揚子江気団	86、87

は

梅雨前線	100、101
ハドレー循環	12、13
ハリケーン	168、169
春一番	88、89
榛名おろし	139
ヒートアイランド現象	116、117
飛行機雲	184、185
ひまわり	68、69、70
白夜	164、165
ひょう（雹）	41
氷晶（核）	24、30、34、35、36、37、38、39、40、41、108、109、163、182、183
風炎→フェーン現象	

ら

ラジオゾンデ	64、65
ラニーニャ現象	172、173
乱層雲	29、30、31、39、54、55、56
陸半球	22、49
流氷	142、143
レーウィンゾンデ	64
露点	25

サイエンス・アイ新書 発刊のことば

science·i

「科学の世紀」の羅針盤

　20世紀に生まれた広域ネットワークとコンピュータサイエンスによって、科学技術は目を見張るほど発展し、高度情報化社会が訪れました。いまや科学は私たちの暮らしに身近なものとなり、それなくしては成り立たないほど強い影響力を持っているといえるでしょう。

『サイエンス・アイ新書』は、この「科学の世紀」と呼ぶにふさわしい21世紀の羅針盤を目指して創刊しました。情報通信と科学分野における革新的な発明や発見を誰にでも理解できるように、基本の原理や仕組みのところから図解を交えてわかりやすく解説します。科学技術に関心のある高校生や大学生、社会人にとって、サイエンス・アイ新書は科学的な視点で物事をとらえる機会になるだけでなく、論理的な思考法を学ぶ機会にもなることでしょう。もちろん、宇宙の歴史から生物の遺伝子の働きまで、複雑な自然科学の謎も単純な法則で明快に理解できるようになります。

　一般教養を高めることはもちろん、科学の世界へ飛び立つためのガイドとしてサイエンス・アイ新書シリーズを役立てていただければ、それに勝る喜びはありません。21世紀を賢く生きるための科学の力をサイエンス・アイ新書で培っていただけると信じています。

2006年10月

※サイエンス・アイ(Science i)は、21世紀の科学を支える情報(Information)、
知識(Intelligence)、革新(Innovation)を表現する「 i 」からネーミングされています。

SoftBank Creative

science·i

サイエンス・アイ新書
SIS-253

http://sciencei.sbcr.jp/

天気と気象がわかる！83の疑問
気象の原理や天気図の見方から雲や雨、
台風の仕組み、日本の気候の特徴など

2012年8月25日　初版第1刷発行

著　者	谷合　稔
発行者	新田光敏
発行所	ソフトバンク クリエイティブ株式会社
	〒106-0032　東京都港区六本木2-4-5
	編集：科学書籍編集部
	03(5549)1138
	営業：03(5549)1201
装丁・組版	DADGAD design
印刷・製本	図書印刷株式会社

乱丁・落丁本が万一ございましたら、小社営業部まで着払いにてご送付ください。送料小社負担にてお取り替えいたします。本書の内容の一部あるいは全部を無断で複写（コピー）することは、かたくお断りいたします。

©谷合稔　2012 Printed in Japan　ISBN 978-4-7973-6999-1

SoftBank Creative